Samar Turki
Mohamed Hamdaoui

Teinture réactive trichromatique du coton

Samar Turki
Mohamed Hamdaoui

Teinture réactive trichromatique du coton

Caractérisation de certains colorants et étude de la possibilité de réalisation des trichromies

Presses Académiques Francophones

Impressum / Mentions légales
Bibliografische Information der Deutschen Nationalbibliothek: Die Deutsche Nationalbibliothek verzeichnet diese Publikation in der Deutschen Nationalbibliografie; detaillierte bibliografische Daten sind im Internet über http://dnb.d-nb.de abrufbar.
Alle in diesem Buch genannten Marken und Produktnamen unterliegen warenzeichen-, marken- oder patentrechtlichem Schutz bzw. sind Warenzeichen oder eingetragene Warenzeichen der jeweiligen Inhaber. Die Wiedergabe von Marken, Produktnamen, Gebrauchsnamen, Handelsnamen, Warenbezeichnungen u.s.w. in diesem Werk berechtigt auch ohne besondere Kennzeichnung nicht zu der Annahme, dass solche Namen im Sinne der Warenzeichen- und Markenschutzgesetzgebung als frei zu betrachten wären und daher von jedermann benutzt werden dürften.

Information bibliographique publiée par la Deutsche Nationalbibliothek: La Deutsche Nationalbibliothek inscrit cette publication à la Deutsche Nationalbibliografie; des données bibliographiques détaillées sont disponibles sur internet à l'adresse http://dnb.d-nb.de.
Toutes marques et noms de produits mentionnés dans ce livre demeurent sous la protection des marques, des marques déposées et des brevets, et sont des marques ou des marques déposées de leurs détenteurs respectifs. L'utilisation des marques, noms de produits, noms communs, noms commerciaux, descriptions de produits, etc, même sans qu'ils soient mentionnés de façon particulière dans ce livre ne signifie en aucune façon que ces noms peuvent être utilisés sans restriction à l'égard de la législation pour la protection des marques et des marques déposées et pourraient donc être utilisés par quiconque.

Coverbild / Photo de couverture: www.ingimage.com

Verlag / Editeur:
Presses Académiques Francophones
ist ein Imprint der / est une marque déposée de
OmniScriptum GmbH & Co. KG
Heinrich-Böcking-Str. 6-8, 66121 Saarbrücken, Deutschland / Allemagne
Email: info@presses-academiques.com

Herstellung: siehe letzte Seite /
Impression: voir la dernière page
ISBN: 978-3-8381-4161-9

Copyright / Droit d'auteur © 2014 OmniScriptum GmbH & Co. KG
Alle Rechte vorbehalten. / Tous droits réservés. Saarbrücken 2014

Sommaire

Introduction Générale 1
Chapitre 1 2
Etude bibliographique 2
I. La teinture 3
    I.1. Définition et mécanisme de teinture [1] 3
    I.2. Procédés de teinture 4
I.3. Les facteurs influençant la teinture [2] 4
II. La colorimétrie 6
    II.1. Reproduction de la couleur 6
    II.2. Les colorants 7
  II.2.1. Définition d´un colorant 7
  II.2.2. Classification des colorants [3][5] 8
III. Teinture du coton avec les colorants réactifs 12
    III.1. Caractéristiques des colorants réactifs 12
    III.2. Classification des colorants réactifs 13
    III.3. Mécanisme de teinture 14
    III.4. Substantivité, épuisement et fixation 16
  III.4.1. Substantivité 16
  III.4.2. Taux d´épuisement 17
  III.4.3. Taux de fixation 17
Chapitre 2 18
Dispositifs expérimentaux et produits utilisés 18
I. Matière utilisée 19
II. Colorants 19
III. Ahiba 20
IV. Spectrophotomètre 20
    IV.1. Principe de fonctionnement d´un spectrophotomètre 20

	IV.2.	Loi de Beer-Lambert :	21
	IV.3.	Mesure de l'absorbance d'une solution	22
	IV.4.	Détermination de la concentration d'une solution donnée	22
	IV.5.	Détermination du taux d'épuisement et de fixation	23

V. Elaboration des courbes d'étalonnage ... 23

Chapitre 3 ... 26

Caractérisation des colorants ... 26

I. Pureté des colorants ... 27

II. Choix du process ... 28

    II.1. Process utilisés ... 28

    II.2. Résultats ... 29

    II.3. Interprétations ... 29

III. Stabilité des colorants ... 30

    III.1. Stabilité avant la teinture ... 30

    III.2. Stabilité lors de la teinture ... 31

IV. Substantivité des colorants ... 32

    IV.1. Mode opératoire ... 32

    IV.2. Résultats ... 32

V. Cinétique de teinture ... 33

    V.1. Mode opératoire ... 33

    V.2. Résultats ... 34

    V.3. Interprétations ... 34

VI. Influence de la température sur les taux d'épuisement et de fixation ... 35

    VI.1. Résultats ... 35

    VI.2. Interprétations ... 36

VII. Influence de la concentration en électrolyte ... 37

    VII.1. Mode opératoire ... 37

    VII.2. Résultats et interprétations ... 37

    VII.3. Récapitulation ... 40

VIII. Influence de la concentration en alcali ... 41

    VIII.1. Mode opératoire : ... 41

	VIII.2. Résultats et interprétations 42
IX.	Influence du rapport de bain 44
	IX.1. Résultats 44
X.	Conclusion.. 46

Chapitre 4 47

Etude de la possibilité de réalisation des trichromies 47

I. Méthode de détermination de l´épuisement de chaque colorant dans une trichromie 48

II. Elaboration des courbes d´étalonnage 50

- *Rouge S2B* 51
- *Jaune S 3R* 51
- *Jaune S 8G* 51
- *Bleu SGLD* 51
- *Bleu SFR* 52

III. Etude de la possibilité de réalisation des trichromies 52

    III.1. Etude de la première trichromie 52

III.1.1. Calcul et Résultats... 53

III.1.2. Interprétations 56

    III.2. Etude d´une trichromie bien déterminée 58

III.2.1. Etude cinétique.. 58

III.2.2. Interprétations 59

    III.3. Etude de différentes combinaisons... 59

III.3.1. Combinaisons à étudier... 59

III.3.2. Résultats 60

III.3.3. Interprétations 63

IV. Conclusion générale 64

Références bibliographiques 66

Annexe 1 67

Annexe 2 81

Introduction Générale

Dans l'industrie, le rôle du teinturier est de colorer un matériau selon les exigences du client. Pratiquement, tous les coloris sont obtenus en mélangeant trois colorants et le travail du coloriste consiste à sélectionner les colorants appropriés et à ajuster leurs quantités jusqu'à ce qu'un résultat satisfaisant soit obtenu. En effet, le choix de ces colorants qui dépende de tant de paramètres, est un compromis entre les colorants disponibles au sein de l'entreprise et les considérations économiques.

Dans un monde idéal, il n'y a pas de restriction mais dans le monde industriel ceci n'est pas vrai. Les industriels cherchent toujours les colorants qui répondent au besoin avec le minimum de prix. Cependant cette diminution du coût au niveau des colorants est généralement accompagnée par une réduction dans le nombre d'informations fournies avec ces colorants. Ceci rend difficile la sélection des colorants qui peuvent être mélangés ensemble ainsi que leurs utilisations.

C'est dans ce contexte que se situe ce Projet de Fin d'Etudes dans lequel on a étudié toutes les trichromies possibles en partant de six colorants réactifs disponibles au sein de l'entreprise MDF en Tunisie afin de choisir lesquelles qui sont les plus convenables et les plus rentables économiquement. Afin d'atteindre cet objectif, il était indispensable de caractériser ces colorants avant de commencer l'étude des trichromies.

Ce travail est constitué de quatre chapitres. Le premier est une étude bibliographique qui consiste d'une part à définir quelques notions de base sur la teinture et la colorimétrie, et d'autre part c'est une initiation à la teinture du coton avec les colorants réactifs. Le deuxième chapitre est consacré pour présenter les différents outils et produits utilisés dans la partie pratique de ce travail. Le troisième chapitre a pour objectif de caractériser six colorants réactifs de point de vue cinétique de teinture tout en étudiant l'influence des paramètres de teinture sur la substantivité et le rendement des colorants. Finalement, un dernier chapitre est destiné à étudier la possibilité de réalisation des trichromies tout en optimisant les pertes en colorants.

Chapitre 1
Etude bibliographique

Etude Bibliographique

Dans ce premier chapitre, on commencera par une initiation à la teinture, son mécanisme et ses procédés. Ensuite, on abordera quelques notions de la colorimétrie. Finalement, un détail sur la teinture avec les colorants réactifs sera très utile dans la partie pratique de notre travail.

I. La teinture

I.1. Définition et mécanisme de teinture [1]

La teinture est une technique pour colorer une matière textile. Elle consiste à faire absorber et diffuser des colorants par les fibres textiles, puis ensuite à les fixer sur celles-ci. La matière textile peut être teinte au cours de n'importe quelle phase de sa fabrication : teinture en bourre, sur rubans, câbles, fil, pièces, produits finis, etc.

Une teinture comporte les phases suivantes :

- *La première phase* consiste à l'adsorption du colorant, dissout ou dispersé sur la surface de la matière textile. C'est un phénomène de contact entre la molécule de colorant et la fibre.

- *La deuxième phase* consiste à la migration ou la diffusion à l'intérieur de la fibre. Cette phase est beaucoup plus lente que les précédentes. La pénétration du colorant dans la fibre exige que la fibre soit accessible. Il y a deux cas qui peuvent se présenter: cas des fibres hydrophiles et celui des fibres hydrophobes. Dans le premier cas, le colorant pénètre à travers les micropores disponibles tandis que, dans le deuxième cas, des sites doivent être ouverts afin de permettre la pénétration du colorant. En général, l'accès à la fibre est amélioré par la température. Les fibres hydrophobes ne sont accessibles au colorant qu'au-delà de la température de transition vitreuse. Cette phase de diffusion a une influence importante sur les qualités d'unisson et de solidités de la teinture.

- *Finalement* le colorant doit être fixé à l'intérieur de la matière. Différents mécanismes de fixation sont connus parmi les quelles on peut citer :
    - Les liaisons chimiques telles que les liaisons covalentes.

- Les forces électrostatiques du type liaison hydrogéné, cas qui se rencontre souvent entre des atomes d'électronégativités différents
- L'absorption du colorant par la fibre, celui-ci se fixe dans les zones amorphes de la fibre.
- L'insolubilisation : Les colorants insolubles sont solubilisés avant la teinture par un traitement chimique et rendus insolubles après teinture par un second traitement chimique. La teinture avec le colorant de cuve se fait de cette manière.

I.2. Procédés de teinture

Selon le type du produit, la classe du colorant et la disponibilité du matériel, la teinture peut être réalisée en discontinu ou à la continu ou semi-continu.

- Dans la teinture en discontinu ou par épuisement, une quantité de matière textile est chargée dans une machine de teinture et amenée à l'équilibre avec une solution contenant le colorant et les produits auxiliaires pendant une période de temps. L'utilisation des produits chimiques et de températures contrôlées accélère et optimise l'épuisement et la fixation du colorant. Lorsque la teinture a atteint la bonne nuance, le bain de teinture épuisé est vidangé et la matière textile est lavée, afin d'éliminer les colorants et les produits chimiques non fixés.

- Dans les procédés de teinture au continu et en semi-continu, le bain de teinture est appliqué au textile, par imprégnation comme exemple. Les textiles sont introduits en continu au large à travers une bacholle contenant la solution de colorant. Le support absorbe une certaine quantité de colorant avant de quitter la bacholle puis est exprimé à travers des rouleaux afin de contrôler le taux d'emport.

I.3. Les facteurs influençant la teinture [2]

La teinture dépend en premier lieu de la matière textile mais plusieurs autres facteurs peuvent influencer la qualité d'une teinture, parmi les quels on peut citer : le rapport de bain, le pH, les produits auxiliaires, la température, le temps de teinture et la qualité de l'eau.

- *Le rapport de bain :* La quantité d'eau à utiliser dans la teinture joue un rôle important sur l'intensité de la nuance. Afin de reproduire le même coloris, il faut respecter le rapport de bain.
- *La température :* La température conditionne l'épuisement maximal des bains. En effet, une montée en température trop rapide provoquerait un plaquage du colorant et un mauvais unisson. Chaque colorant possède une température d'affinité maximale. On commence toujours une teinture à une température éloignée de la température d'affinité maximale.
- *Le temps de teinture :* Les durées de teintures sont variables mais déterminées au cours de l'expérimentation du colorant pour lui assurer une montée et une fixation satisfaisantes. Un temps de teinture court pendant la montée de température peut affecter l'unisson mais un temps court pendant la fixation ne permettra pas au colorant de se fixer parfaitement sur la fibre et de ce fait les solidités au lavage et au frottement seront mauvaises. Par contre un temps de teinture trop long peut provoquer une certaine dégradation sans améliorer la qualité de teinture.
- *Le pH :* La valeur du pH est importante pour le bon déroulement de la plupart des teintures. En effet plusieurs réactions chimiques entre la fibre et le colorant ne se font qu'en milieu basique.
- *Produits auxiliaires :* Ce sont des produits chimiques nécessaires pour avoir un bon déroulement de la teinture. Par exemple, des produits mouillants qui permettent la bonne imprégnation de la matière par le bain. Ces produits peuvent, par exemple, accroitre la vitesse de teinture lorsque le colorant a peu d'affinité pour la fibre, ou bien retarder la montée du colorant sur la fibre pour éviter un plaquage rapide qui entrainerait une mauvaise répartition du colorant et un mauvais unisson de teinture.
- *La qualité de l'eau :* La qualité de l'eau est déterminante puisque c'est l'élément chimique le plus dominant dans le bain de teinture. Les principales impuretés qu'elle peut contenir sont soit des matières insolubles qui existent

principalement dans les eaux de rivière en période de pluies, soit des produits solubles constitués en général par des sels de calcium, de magnésium et parfois de fer.

II. La colorimétrie

La lumière blanche visible est une lumière qui contient toutes les radiations lumineuses dont les longueurs d'onde sont comprises entre 380 nanomètre (violet) et 780 nanomètre (rouge). Chaque longueur d'onde correspond à une couleur particulière.

En colorimétrie, la couleur que nous percevions, d'un objet, dépendait de la combinaison du spectre de la lumière, de la courbe de facteur de diffusion ou de transmission de l'objet sur lequel la lumière tombe, et de la courbe de réponse spectrale de l'observateur. Alors la couleur est le fruit de trois facteurs. En effet, la source et l'observateur sont deux constantes ; on n'examine donc que les substances utilisées pour modifier la courbe de facteur de réflexion ou de transmission d'un objet.

II.1. Reproduction de la couleur

Toutes les couleurs peuvent être reproduites de deux manières, et chaque cas avec trois couleurs fondamentales. On parle alors de la synthèse additive et la synthèse soustractives des couleurs.

❖ Synthèse additive des couleurs :

Les trois couleurs fondamentales sont : le BLEU, le VERT et le ROUGE. Elles permettent d'obtenir une plus grande variété de couleurs par mélange, que n'importe quel autre choix. Un mélange de rouge et de vert donne du jaune, un mélange de vert et de bleu donne du cyan et un mélange de rouge et de bleu donne du pourpre ou du magenta. Si les trois couleurs primaires sont correctement choisies et mélangées, dans les bonnes proportions, elles s'additionnent pour donner le blanc. [3]

Les trois couleurs Cyan, Magenta et Jaune son appelées couleurs complémentaires respectives des couleurs rouge, vert et bleu.

Cette synthèse additive est mise en application dans la télévision en couleur et dans certaines formes de peinture dans les quelles le peinture juxtapose des points de peinture rouge, vert et bleu afin de rendre toutes les couleurs.

Gammes RGB et CYMK [4] : ces deux gammes sont parmi les plus connues des infographistes. La gamme RGB (rouge, vert, bleu) correspond aux couleurs qu'il est possible d'obtenir avec un moniteur, alors que la gamme CYMK (cyan, jaune, magenta, noir) correspond aux couleurs que l'on obtient avec une imprimante. La première correspond donc à des mélanges de lumières et la seconde à des mélanges de matières.

❖ Synthèse soustractive des couleurs : [3]

Les trois couleurs fondamentales sont cette fois le Cyan, le Jaune et le Magenta. Le vert résulte du mélange de jaune et de cyan, le bleu du mélange de cyan et de magenta et le rouge du mélange de magenta et de jaune. Lorsque les couleurs primaires soustractives sont balancées en couleur et en quantité, leur mélange absorbe toute la lumière provenant de la source, produisant, bien entendu, du noir.

La relation entre les mélanges additifs et soustractifs est illustrée par l'arrangement en «roue chromatique». Chaque primaire additif a un primaire soustractif comme couleur complémentaire, se trouvant directement à l'opposé sur la roue.

II.2. Les colorants

II.2.1. Définition d'un colorant

Un colorant est un corps susceptible d'absorber certaines radiations lumineuses et donc de réfléchir les couleurs complémentaires. Ce sont des composés organiques comportant dans leur molécule certains groupes d'atomes appelés CHROMOPHORES qui sont responsables de l'absorption et de la diffusion des radiations lumineuses que ce soit dans le visible ou l'UV. Ce sont principalement les doubles liaisons conjuguées. La molécule qui les contient devient CHROMOGENE. [3]

La molécule chromogène n'a des possibilités tinctoriales que par l'adjonction d'autres groupements d'atomes appelés AUXOCHROMES qui sont responsable de la capacité du colorant à se dissoudre, à être absorbé, à diffuser et à se fixer sur le support. Parmi ces groupements on peut citer : les groupements hydroxyles, sulfoniques, carboxyliques, etc.

II.2.2. Classification des colorants [3][5]

Les colorants peuvent être classés chimiquement selon la nature de leurs chromophores mais aussi selon leurs solubilités et destinations.

❖ **Les colorants solubles dans l'eau**

➤ *Colorant à mordant :* Ce terme générique a des origines très anciennes : en effet, un grand nombre de colorants naturels ne pouvait se fixer sur les fibres qu'après un traitement préalable de ces dernières. Ce traitement, dénommé mordançage, consistait à précipiter dans les fibres des oxydes de certains métaux (Al, Fe, Cr) avec lesquels les colorants pouvaient ensuite former une laque insoluble solidement fixée à la matière textile.

Le chrome est en fait le métal le plus utilisé, si bien que les colorants à mordant sont souvent appelés colorants au chrome ou colorants chromatables. Ce sont des colorants solubles dont la particularité est de pouvoir former des complexes avec les ions métalliques.

➤ *Les colorants métallifères utilisant le mordançage :* Le mordant forme un lien entre la fibre et le colorant. IL est à base de sels métalliques. Après mordançage, on ajoute le colorant qui forme alors un sel insoluble.

Pour faciliter le travail du teinturier en lui évitant l'opération de mordançage, l'idée est venue d'incorporer le métal au colorant lui-même en formant le complexe métallifère au préalable au lieu de le précipiter dans la fibre. Ainsi, les colorants métallifères sont des colorants contenant un atome métallique (Cr, Ni, Co). L'atome métallique peut être associé à une molécule de colorant (complexe métallifère 1/1) ou à deux molécules de colorant (complexe métallifère ½).

Ces colorants permettent de teindre la laine, la soie, le polyamide en nuances très solides, mais en général peu vives.

- *Les colorants acides :* Ces colorants sont ainsi dénommés car ils permettent de teindre certaines fibres en bain acide. Ils sont constitués d´un groupe chromophore et d´un ou plusieurs groupes sulfonés permettant leur solubilisation dans l´eau.

  Cette grande classe de colorants est largement utilisée de nos jours et la palette des nuances réalisables est parmi les plus complètes. Le seul inconvénient de ces colorants réside dans le fait qu´ils ne possèdent pas de bonnes solidités à la fois à tous les facteurs de dégradation.

  Ce type de colorant présente une forte affinité pour les fonctions basiques disponibles sur les fibres protéiniques (laine et soie) et sur les polyamides.

- *Les colorants directs :* Le premier colorant de cette série fut le ROUGE CONGO qui s´avéra capable de teindre 'directement´ le coton sans intervention d´aucun mordant.

  Les colorants directs (également appelés "substantifs") sont des colorants solubles dans l´eau. Ils se distinguent des colorants acides par leur affinité pour les fibres cellulosiques. Ainsi, les colorants directs ont la propriété de teindre les fibres végétales en bain neutre en présence d´électrolytes, mais ces colorants teignent également les fibres animales.

  Les avantages principaux de ces colorants sont la grande variété des coloris, leur facilité d´application et leur prix modique. Par contre, leur inconvénient principal réside de leur faible solidité au mouillé.

- *Les colorants basiques :* Ces sont des corps qui portent des fonctions basiques susceptibles de réagir avec les fonctions acides portés par certaines fibres comme les fibres animales et les acryliques Les cellulosiques peuvent être teintes avec ces colorants à condition d´utiliser la technique du mordançage.

Ces colorants sont solubles sans l'eau ; ils teignent la soie et la laine en milieu neutre ou faiblement acide, alors qu'ils se fixent sur le coton préalablement traité au tanin.

La vivacité des teintures obtenues est remarquable mais ces colorants résistent fort mal à l'action de la lumière.

L'apparition des fibres acryliques a donné un regain d'intérêt à cette classe de colorants, car sur ce type de fibre, on obtient des coloris très solides même à la lumière.

➢ *Les colorants réactifs :* Les colorants réactifs constituent la classe la plus récente de colorants. Ils doivent leur appellation à leur mode de fixation à la fibre. Leur molécule contient un groupement chromophore et une fonction chimique réactive assurant la formation d'une liaison covalente avec les fibres, soit en réagissant avec les groupes hydroxyles de la cellulose, soit avec les groupes aminés de la laine ou du polyamide.

Différents types de fonctions chimiques réactives sont utilisés, entre autres : mono-chlorotriazinique, dichlorotriazinique, vinylsulfonique, etc.

Du fait de l'existence d'une liaison covalente entre fibre et colorant, on pourrait logiquement attribuer une grande stabilité à la teinture en colorants réactifs mais il faut surtout noter une résistance médiocre aux intempéries et au chlore.

❖ **Les colorants insolubles dans l'eau**

➢ *Les colorants plastosolubles :* L'apparition de l'acétate de cellulose, puis des fibres synthétiques proprement dites, a posé de nombreux problèmes du point de vue tinctorial et a rendu nécessaire la fabrication d'un nouveau type de colorants. Ces nouveaux colorants sont insoluble et la teinture s'effectue non plus en les solubilisant mais en les mettant en suspension dans l'eau sous forme d'une fine dispersion, d'où le nom de colorants "dispersés" qui leur fut donné initialement.

Ces colorants sont généralement de nature azoïque ou anthraquinonique et se fixent dans les fibres synthétiques sous la forme d'une solution solide, d'où leur dénomination "plastosoluble".

- *Les colorants pigmentaires :* Ils se présentent sous la forme de très fines particules colorés insolubles dans l'eau et n'ayant aucune affinité pour les fibres.

Etant donné l'impossibilité de les solubiliser, ils ne peuvent pas pénétrer dans la structure des fibres et on ne pourra appliquer qu'en les fixant à la surface des fibres à l'aide d'une résine appelée liant.

On peut également les utiliser pour la coloration dans la masse des fibres artificielles et synthétique avant filage.

Les pigments sont essentiellement utilisés en impression textile. Ils sont d'origines très diverses : certains sont simplement des produits minéraux (noir de fumée, blanc de zinc), d'autres sont des produits organiques sélectionnés pour la stabilité de leur coloration.

❖ Les colorants solubilisés dans l'eau

- *Les colorants au soufre :* Ces colorants sont insolubles dans l'eau. Leur utilisation en teinture n'est rendue possible qu'en les réduisant en leuco-dérivés présentant de l'affinité pour les fibres. Après teinture, le coton est ré oxydé en sa forme insoluble qui reste emprisonnée dans la fibre.

Pour des questions de facilité d'emploi, les colorants au soufre peuvent être transformés dans une forme soluble dans l'eau en traitant le leuco-dérivé avec du sulfite de sodium de façon à obtenir le dérivé thiosulfurique. En général, ce type de colorant au soufre solubilisé est commercialisé sous une présentation liquide.

Les colorants au soufre conduisent à des teintures solides mais de nuance en général terne.

- *Les colorants de cuve :* Parmi les colorants naturels, l'indigo se distingue des autres par son mode d'application nécessitant la préparation d'une "cuve".

L'expression "cuve" a été conservée ultérieurement pour désigner toute une série de colorants ayant caractéristique comme d'être insolubles dans l'eau, mais de se solubiliser par réduction en leuco-dérivé possédant de l'affinité pour les fibres. La teinture se termine par une réoxydation ramenant le colorant, dans la fibre, à sa forme insoluble initiale. Cette insolubilisation est à l'origine d'une des qualités principales de ces colorants, à savoir leur bonne résistance aux agents de dégradation.

Les colorants de cuve ont des propriétés qui les rapprochent des colorants au soufre mais, contrairement à ces derniers, ils sont de constitution bien définie.

En 1921, un dérivé stable et soluble de l'indigo a pu être préparé. Ce produit appelé "indigsol" a la propriété de teindre certaines fibres textiles puis de régénérer, par oxydation, la nuance indigo. Toute une série de colorants de cuve ont pu être transformés de la même manière en dérivés solubles.

Ces colorants de cuve solubilisés sont des sels de sodium des esters sulfuriques, des leuco-dérivés.

Après teinture, ces esters sulfuriques sont saponifiés en milieu acide pour former le leuco-dérivé qui est oxydé par le nitrite de sodium en colorant e cuve insoluble. Les nuances obtenues sont solides, mais le prix de ces colorants a limité leur utilisation pour des teintures en coloris pastels.

III. Teinture du coton avec les colorants réactifs

III.1. Caractéristiques des colorants réactifs

Un tiers des colorants utilisés pour les fibres cellulosiques sont aujourd'hui des colorants réactifs. Ils sont ainsi désignés parce qu'ils se fixent sur les fibres cellulosiques en réagissant avec les groupes hydroxyles de la cellulose. Il se crée ainsi une liaison covalente entre le colorant et la fibre. C'est une liaison qui résiste bien aux traitements usuels auxquels les articles textiles sont soumis, ce qui fait que les teintures ainsi obtenues sont très solides aux épreuves en milieu aqueux [6]. Schématiquement le colorant réactif peut être représenté comme suit :

$$XR-M-SO3Na$$

XR: groupement réactif qui va permettre au colorant de réagir avec la fibre ;

M : molécule chromogène qui va permettre d'apporter la couleur au colorant ;

SO3Na : groupement sulfonique qui va permettre au colorant d'être soluble dans l'eau.

III.2. Classification des colorants réactifs

On distingue deux types de colorants réactifs pour coton :

> ➤ Les colorants de grande réactivité (nommés colorants à froid): pouvant former des liaisons covalentes avec la fibre à température basse.

> ➤ Les colorants de grande réactivité (nommés colorants à chaud): nécessitant une haute température pour réagir avec la fibre.

Le tableau 1 regroupe quelques exemples de colorants réactifs dont la température de fixation varie selon le groupe réactif ;

Tableau 1. Exemples de colorants réactifs [7]

Colorant	Nom	T(°C) de fixation
(dichlorotriazine structure)	dichlorotriazine	30-40°C
(monofluorotriazine structure)	monofluorotriazine	40-80°C
(monochlorotriazine structure)	monochlorotriazine	> 80°C

III.3. Mécanisme de teinture

En teinture par épuisement, le colorant, l'alcali et le sel peuvent être ajoutés au bain de colorant en une seule fois, au début du procédé, ou au cours de la teinture. Dans ce dernier cas, l'alcali n'est ajouté qu'après l'absorption du colorant par la fibre. Le procédé de teinture du coton avec des colorants réactifs est assez particulier car il comporte trois phases. Un exemple typique de teinture avec les colorants réactifs, en procédé isotherme, illustre bien les différentes phases de teinture dans la figure 1.

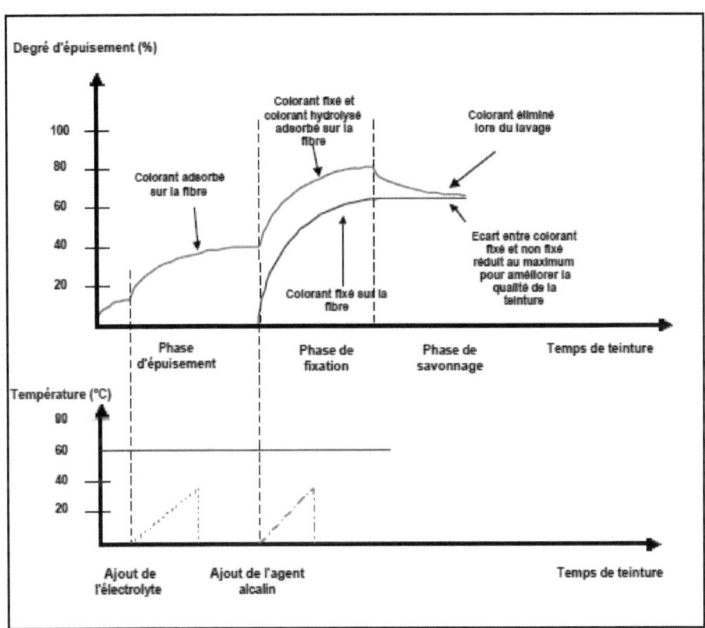

Figure 1. Différentes phases de teinture par épuisement des colorants réactifs. [8]

- *Phase d'épuisement* [8]: La première phase consiste à gérer la cinétique d'adsorption du colorant par ajout d'un Électrolyte. Cette étape consiste à répartir le colorant le plus uniformément possible sur le tissu tout en épuisant suffisamment de colorant sur la fibre avant fixation. En effet, dans l'eau la cellulose est chargée négativement ce qui empêche les colorants de monter sur la fibre. L'électrolyte ajouté neutralise ce potentiel. Par la suite le colorant est capable de migrer à l'intérieur de la fibre. La concentration utilisée dépend de la substantivité du colorant et de l'intensité de la nuance. De plus fortes concentrations sont exigées pour les nuances foncées et les colorants à faible affinité. [9]

- *Phase de fixation* [8]: La seconde étape consiste à fixer les molécules de colorant réactif sur la fibre en créant des liaisons covalentes. L'« activation » des sites de la fibre est réalisée par l'ajout d'un agent alcalin dans le bain. Sa quantité est déterminée par la réactivité du système (les colorants à froid sont appliqués à des pH plus alcalins que les colorants à chauds).

Après l'ajout de l'alcali, les molécules de colorant adsorbées durant la première phase du procédé peuvent se fixer sur la fibre.

La réaction qui lie le colorant à la fibre par liaison de covalence peut être :

- o une réaction d'addition : cas des groupes réactifs avec double liaison ;
- o une réaction de substitution: cas des groupes réactifs aromatiques avec halogène actif.

La figure 2 montre un exemple d'une réaction de fixation par substitution dans le cas d'un colorant dichlorotriazine.

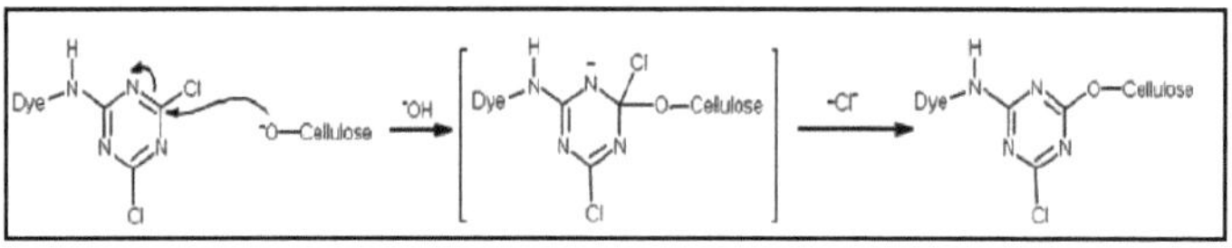

Figure 2. Fixation par substitution d'un colorant dichlorotriazine. [7]

En plus de cette réaction, plusieurs réactions non recherchées coexistent :
L'agent alcalin, en activant les sites de la fibre (fonctions alcools) active en même temps les ions hydroxyles de l'eau. Les molécules de colorant peuvent réagir soit avec la fibre soit avec l'eau. Lorsque les molécules réagissent avec l'eau elles s'hydrolysent et ne peuvent plus participer à la fixation. Le colorant, lorsqu'il est fixé peut tout de même s'hydrolyser. Ces deux réactions sont présentées par la figure 3.

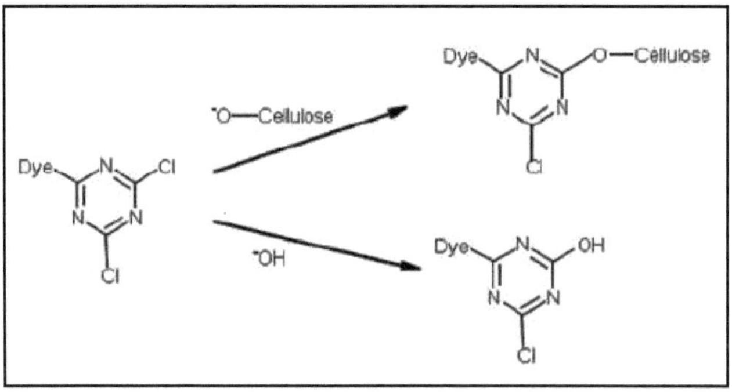

Figure 3. Réactions de fixation et d'hydrolyse d'un colorant réactif dichlorotriazine. [7]

La quantité de colorant présente sur la matière à la fin de cette phase est celle qui défini le taux d'épuisement **E**.

- *Phase de savonnage :* Cette phase consiste à éliminer de la matière la quantité de colorants hydrolyses et non fixes. Avant de procéder à ce savonnage, il est nécessaire d'éliminer avec des rinçages successifs la quantité résiduelle d'agent alcalin et de sel puisque le colorant est moins substantif en absence d'électrolyte. Finalement, la matière est lavée a l'eau bouillante en présence d'un détergent afin d'éliminer le colorant non fixe. La quantité de colorant présente sur la matière après cette phase est celle qui défini le rendement de la teinture **R** ou le taux de fixation **F**.

III.4. Substantivité, épuisement et fixation
III.4.1. Substantivité

La substantivité est une mesure de la répartition d'un colorant entre la fibre et le bain de teinture sans ajout d'aucun produit auxiliaire. Le taux de substantivité est définit comme suit :

$$S(\%) = \frac{C_m}{C_i} \times 100$$

Avec :

C_m : Concentration en colorant monté sur matière avant l'ajout de l'alcali; [9]
C_i : Concentration initiale du colorant.

En effet la substantivité dépend de plusieurs facteurs tels que :
- ✓ type de la fibre
- ✓ Affinité du colorant
- ✓ Concentration en électrolyte
- ✓ Concentration en colorant
- ✓ rapport de bain
- ✓ température du bain
- ✓ le pH

III.4.2. Taux d´épuisement

Le taux d´épuisement est définit par la quantité de colorant montée sur la fibre rapportée à la quantité de colorant initiale :

$$E(\%) = \frac{C_m}{C_i} \times 100 = \left(\frac{C_i - C_R}{C_i}\right) \times 100$$

Avec :

C_m : Concentration en colorant monté sur matière ;

C_R : Concentration du colorant dans le bain résiduel ;

C_i : Concentration initiale du colorant.

III.4.3. Taux de fixation

Le taux de fixation ou le rendement constitue la quantité de colorant fixé sur la fibre rapportée à la quantité initiale utilisée :

$$F(\%) = \frac{C_f}{C_i} \times 100 = \left(\frac{C_i - C_R - C_r}{C_i}\right) \times 100$$

Avec :

C_f : Concentration en colorant fixé sur matière après rinçage ;

C_R : Concentration du colorant dans le bain résiduel ;

C_r : Concentration du colorant dans les bains de rinçage ;

C_i : Concentration initiale du colorant.

Chapitre 2
Dispositifs expérimentaux et produits utilisés

Dispositifs expérimentaux et produits utilisés

Durant ce chapitre, on va présenter les différents dispositifs expérimentaux ainsi que les colorants utilisés dans la partie pratique.

I. Matière utilisée

La matière utilisée est un tissu en 100% coton dont la composition est détaillée dans le tableau 2.

Tableau 2. Présentation de la matière utilisée

Composition	100% coton
Armure	Sergé de 3
Masse surfacique	$261 g/m^2$
Compte chaîne	38
Compte trame	41

II. Colorants

Les colorants utilisés sont des colorants réactifs de la firme Bezema qui appartiennent à la famille BEZACTIV S.

Les colorants BESACTIV S sont des colorants Hétéro-bifonctionnels qui teignent à froid.

Dans la partie pratique, on va utiliser six colorants :

- Jaune S8G
- Jaune S3R
- R S3B
- R S2B
- Bleu SGLD
- Bleu SFR

Ces colorants sont utilisés sous forme de solution. Afin de les préparer il faut verser de l'eau bouillante sur le colorant avec une agitation rapide.

III. Ahiba

C'est un appareil qui permet de teindre la matière en bain fermé. Elle possède les caractéristiques suivantes :

- 20 biberons montés sur un support tournant
- Chauffage et refroidissement rapide
- Vitesse et sens de rotation variables
- Une mémoire de 40 programmes

IV. Spectrophotomètre

Pendant notre travail, on a utilisé le spectrophotomètre présent à l'Enim dans le laboratoire d'ennoblissement afin de déterminer le taux d'épuisement et de fixation des colorants. Avant de se lancer dans la partie pratique quelques notions sur la spectrophotométrie seront très utiles.

La spectrophotométrie permet l'étude de solutions colorées dans l'infrarouge, dans le visible et dans l'ultraviolet.

IV.1. Principe de fonctionnement d'un spectrophotomètre

Un spectrophotomètre mesure la lumière absorbée par une solution à une longueur d'onde donnée. La lumière monochromatique incidente d'intensité I_0 traverse une cuve contenant la solution étudiée, et l'appareil mesure l'intensité I de la lumière transmise (Figure 4).

Transmittance : $T = 100 * I_0/I_T$

Absorbance : $Abs = \log(100/T)$

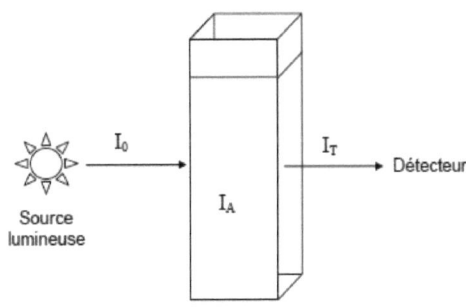

Figure 4. Schéma simplifié d'un spectrophotomètre

Un spectrophotomètre est composé de [9] :
- Une source lumineuse à spectre continu
- Un monochromateur à réseau permet de sélectionner une longueur d´onde et de balayer l´ensemble du spectre
- Une cuve transparente contenant la solution à étudier
- Un photocapteur, c´est un élément photosensible qui transforme le signal lumineux en signal électrique
- Un calculateur : il traite le signal électrique pour calculer l´absorbance

IV.2. Loi de Beer-Lambert :

La loi de Beer-Lambert affirme que l´absorbance d´une solution d´un composé est proportionnelle à l´épaisseur du milieu traversé par le faisceau lumineux et à la concentration du composé en solution.

$$Abs = \varepsilon \, c \, l$$

Avec :

l = longueur de la cuve

c = concentration de la solution

ε = absorbance linéique décimale ou coefficient d´extinction spécifique qui dépend de la longueur d´onde, ε varie également en fonction des forces intermoléculaires et donc du solvant utilisé.

<u>Conditions de validité de la loi de Beer-Lambert</u> [10]

- la lumière utilisée est ***monochromatique***
- la concentration n´est pas trop élevée : pour que les interactions entre molécules soient négligeables.
- la solution n´est pas fluorescente : pas de réémission de lumière dans toutes les directions
- la solution n´est pas trop concentrée en sels incolores
- la solution doit être limpide (pas de précipité ou de trouble qui entraîneraient une diffusion de la lumière)

Additivité des absorbances

Si 2 solutions absorbent à la même longueur d'onde, l'absorbance du mélange est égale à la somme de leurs absorbances : $A = (\varepsilon_1 c_1 + \varepsilon_2 c_2) l = A_1 + A_2$

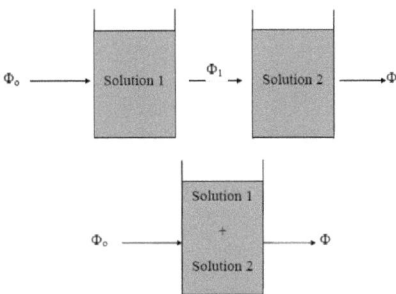

Figure 5. Additivité des absorbances

IV.3. Mesure de l'absorbance d'une solution

Afin de mesurer l'absorbance d'une solution il faut suivre les étapes suivantes :
- Réglage du « zéro optique » ou de la ligne de base de façon à avoir : $A_o = 0$, la cuve étant remplie avec le solvant.
- L'essai proprement dit donne directement l'absorbance du soluté A, la cuve étant remplie avec le solvant et le soluté.

Absorbance du soluté : $A = A_1 - A_o$; avec A_1 est l'absorbance de la solution (solvant + soluté)

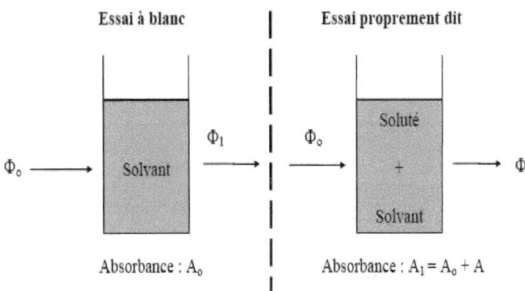

Figure 6. Mesure de l'absorbance d'un soluté

IV.4. Détermination de la concentration d'une solution donnée

Afin de déterminer la concentration d'une solution donnée, il faut tracer sa courbe d'étalonnage On procède comme suit :

- ➢ Préparer une solution mère d'une concentration connue
- ➢ Préparer des solutions diluées à partir de cette solution mère
- ➢ Mesurer l'absorbance des solutions diluées, à la longueur d'onde maximale
- ➢ Tracer la courbe Abs =f(C).

IV.5. Détermination du taux d'épuisement et de fixation

D'après la loi de Beer-Lambert on : Abs = k.C

Alors, on obtient :

$$E = \frac{C_i - C_R}{C_i} = 1 - (\frac{A_R}{K})/C_i$$

$$F = \left(\frac{C_i - C_R - C_r}{C_i}\right) = 1 - (\frac{A_R}{K} + \frac{A_r}{K})/C_i$$

Avec:

A_R : Absorbance du bain résiduel

A_r : Somme des Absorbances des bains de rinçage, neutralisation et savonnage

V. Elaboration des courbes d'étalonnage

Les longueurs d'onde de l'absorbance de nos colorants sont récapitulés dans le tableau suivant ;

Tableau 3. Longueurs d'onde d'absorption des différents colorants

Colorant	bleu S GLD	Bleu SFR	rouge S3B	rouge S2B	Jaune S8G	Jaune S3R
λ (nm)	622	622	542	538	442	446

Les courbes d'étalonnage des différents colorants sont présentés dans la page suivante ;

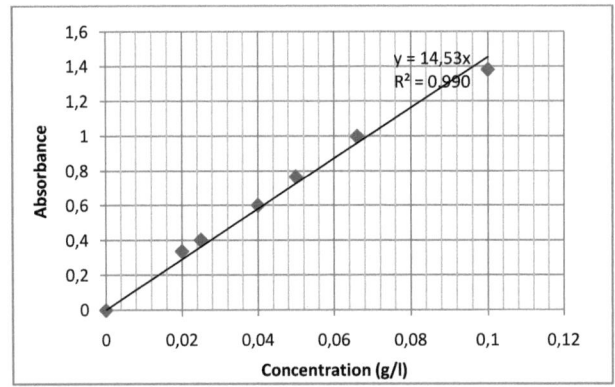

Figure 7. Courbe d'étalonnage du bleu S GLD, λ=622nm

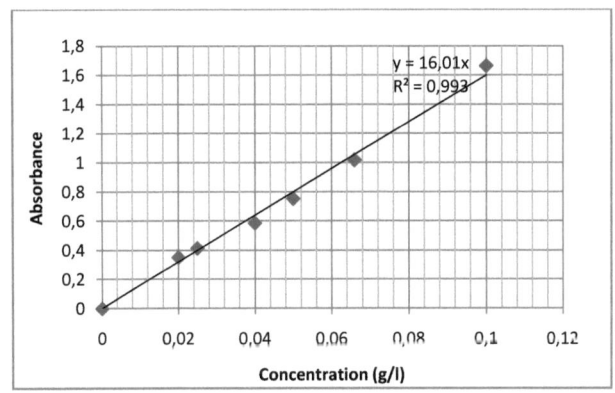

Figure 8. Courbe d'étalonnage du bleu SFR, λ=622nm

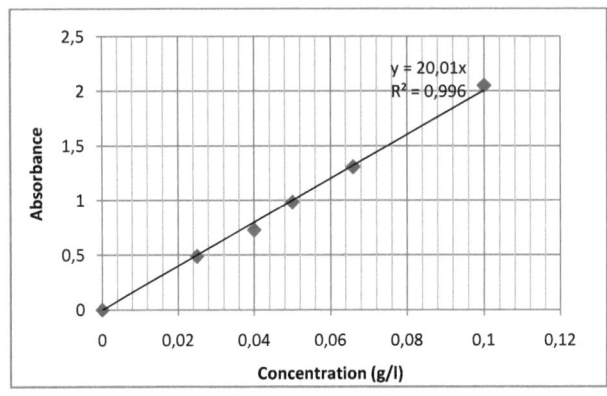

Figure 9. Courbe d'étalonnage du rouge S3B, λ=542nm

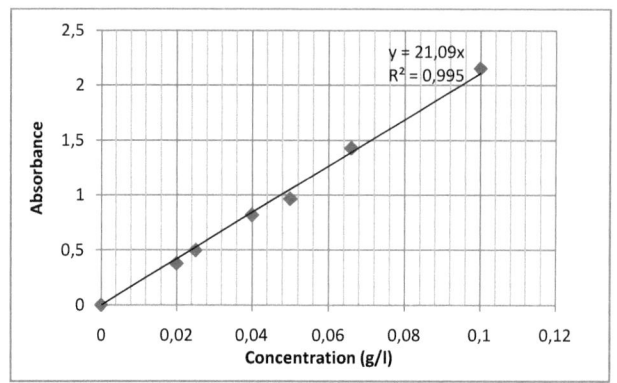

Figure 10. Courbe d'étalonnage du rouge S2B, λ=538nm

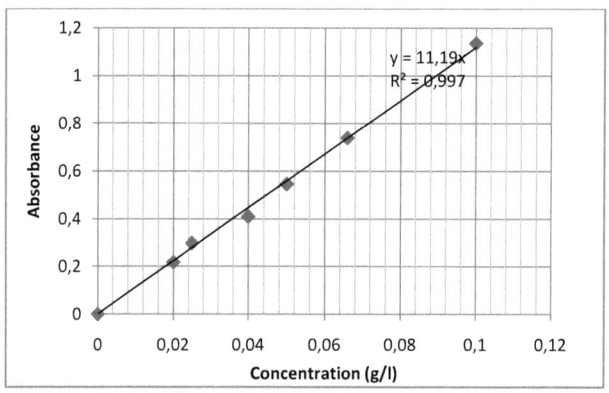

Figure 11. Courbe d'étalonnage du jaune JS8G, λ=442 nm

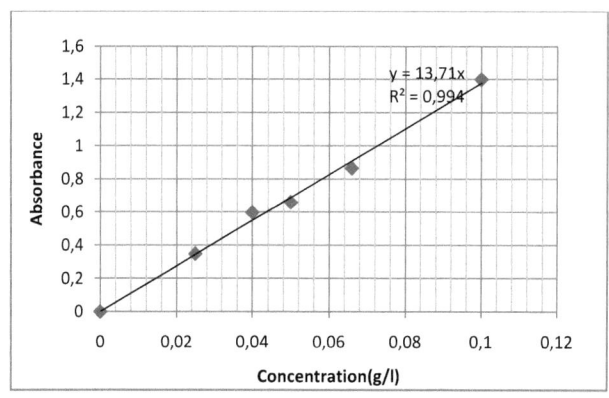

Figure 12. Courbe d'étalonnage du jaune JS3R, λ=446nm

Chapitre 3
Caractérisation des colorants

Caractérisation des colorants

Ce chapitre a pour objectif de caractériser les six colorants de point de vue cinétique de teinture, taux de fixation et d´épuisement tout en étudiant l´effet des paramètres de teinture sur ces taux. Finalement on va proposer les trichromies possibles.

I. Pureté des colorants

La pureté des colorants est nécessaire pour former des trichromies convenables. Alors, il faut vérifier la pureté des colorants objets de l´étude avant de commencer le travail.

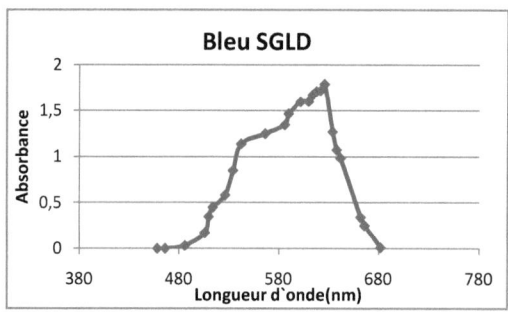

Figure 13.Courbe spectrale du colorant Bleu S GLD

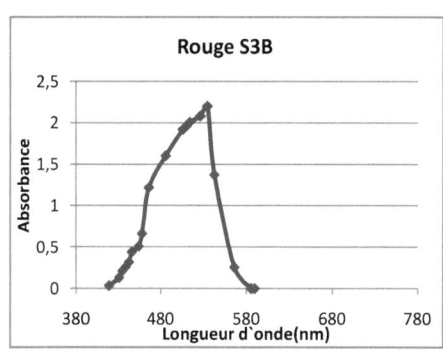
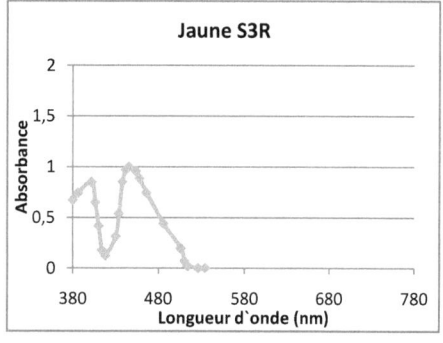

Figure 14.Courbe spectrale du colorant rouge S3B

Figure 15.Courbe spectrale du colorant jaune S3R

D'après les figures 13,14 et 15 on constate que le colorant rouge S3B et Bleu SGLD présente un seul pic ce qui nous permet de dire que ce sont des colorants purs alors que le colorant jaune S3R présente deux pics dons c'est un colorant non pur.

De même pour les autres colorants on a vérifié que le rouge S2B et le bleu SFR sont tous les deux purs alors que le jaune S8G est non pur.

Finalement, on conclue que les deux colorants jaunes utilisés par cette entreprise sont des colorants non purs, ce qui peut provoquer des problèmes au niveau des mélanges.

II. Choix du process

II.1. Process utilisés

Au sein de l'entreprise MDF, à l'échelle laboratoire les teintures sont effectuées avec des process "All in". Avant de commencer le travail, on va effectuer une comparaison entre ce process et celui semi-industriel afin de choisir le process avec lequel on effectuera notre étude.

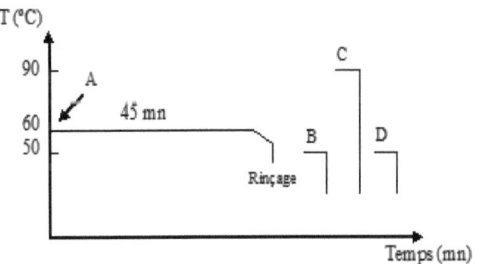

A : 40g/L sel, 1ml/L mouillant, 1% colorant, 5g/L Alcali
B : 1ml/L acide acétique
C : 2 ml/L agent de savonnage
D : 1ml/L adoucissant

Figure 16. Process 'All in'

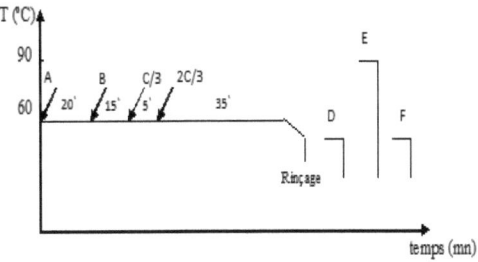

A : 40g/L sel, 1ml/L mouillant
B : 1% colorant
C : 5g/L Alcali
D : 1ml/L acide acétique
E : 2 ml/L agent de savonnage
F : 1ml/L adoucissant

Figure 17. Process semi-industriel

II.2. Résultats

Les tableaux de valeurs des absorbances obtenues à l'aide du spectrophotomètre sont situés dans la première page de l'annexe 1 ;

Dans tout ce qui suit, le détail des relevés spectrophotométriques est situé dans l'annexe 2.

Le tableau 4 regroupe les valeurs du rendement du process All in et semi -industriel

Tableau 4.Rendement des process All in et semi-industriel

Colorant	R(%) "All in"	R(%)"semi-indus"	Ecart (%)
J S8G	67,30	84,18	16,88
J S3R	65,94	79,16	13,21
R S3B	74,49	78,62	4,12
R S2B	75,36	78,38	2,98
B S GLD	66,23	80,48	14,25
B SFR	77,83	85,72	7,89

II.3. Interprétations

On constate que le process semi industriel possède un rendement meilleur que celui du process All in. En effet l'écart entre les deux process est très élevé et il atteint les 16% pour le colorant JS8G. Ceci peut être expliqué par le fait que l'ajout de l'alcali dès le début entraîne l'hydrolyse du colorant par ce qu'il n'est pas très proches des sites du coton.

Pour s'en persuader, une comparaison entre les valeurs de l'Absorbance du bain du savonnage montre que les bains de savonnage du process All in sont plus concentrés que ceux du process semi industriel. C'est à dire la quantité du colorant non fixé dans le premier est plus élevée.

En fait, l'ajout de l'agent alcalin doit se faire après la montée du colorant réactif sur la matière pour que la liaison covalente s'effectue entre le colorant et la matière et non pas entre le colorant et l'eau. On peut conclure que l'utilisation de ce process conduit à des pertes de colorants alors il faut éviter son utilisation. En conclusion, dans le reste de la partie pratique on utilisera le process semi-industriel.

III. Stabilité des colorants

Le colorant réactif s'hydrolyse dans l'eau surtout à PH et température élevés. L'étude de la stabilité des colorants a pour objectif de déterminer le temps à partir du quel colorant commence à s'hydrolyser. Pour effectuer cette étude, on se base sur le fait que l'Absorbance du colorant diminue lorsqu'il s'hydrolyse.

III.1. Stabilité avant la teinture

Avant son utilisation le colorant réactif est mis en solution. Il est dissout avec de l'eau bouillante. L'objectif de cette partie est de déterminer la durée à partir de laquelle le colorant commence à s'hydrolyser, c'est à dire la durée de stockage de nos colorants en solution.

III.1.1. Mode opératoire

On dissout les six colorants avec de l'eau bouillante (concentration 1g/l) et on mesure leurs Absorbances. Ensuite on mesure l'Absorbance des solutions chaque 24 heures.

III.1.2. Résultats

Les valeurs des Absorbances mesurées chaque 24 heures sont regroupées dans le tableau 5.

Tableau 5. Valeurs des Absorbances mesurées pour des colorants mis en solution

Colorant	durée (heures)					
	24	48	72	96	168	240
J S8G	13,396	13,32	12,72	12,186	11,68	11,25
J S3R	15,384	15,36	15,176	14,936	14,478	14,216
R S3B	23,15	22,98	22,75	20,1	10,987	8,37
R S2B	25,577	25,399	25,157	24,124	12,765	5,328
B SGLD	15,821	15,744	15,656	15,648	15,023	14,4
B SFR	15,291	15,08	15,008	14,832	13,322	12,018

Il est clair que seulement les deux colorants rouges subissent une diminution très grande au niveau de leurs absorbances dans 10 jours. Alors il faut éviter leurs mises en solution plus que trois jours. Les résultats obtenus sont présentés dans la figure 18.

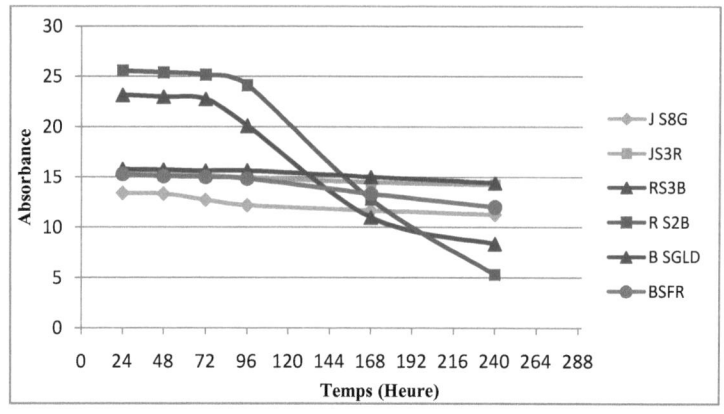

Figure 18. Stabilité des colorants avant la teinture

III.2. Stabilité lors de la teinture

III.2.1. Mode opératoire

On effectue une teinture selon le process semi-industriel avec une nuance 0,3% mais sans mettre de la matière. Chaque 10 minute on tire un pot et on réalise la mesure de son Absorbance.

III.2.2. Résultats

Les tableaux de valeurs sont situés dans la troisième page de l´annexe1. Les courbes suivantes présentent la variation de la concentration en fonction du temps :

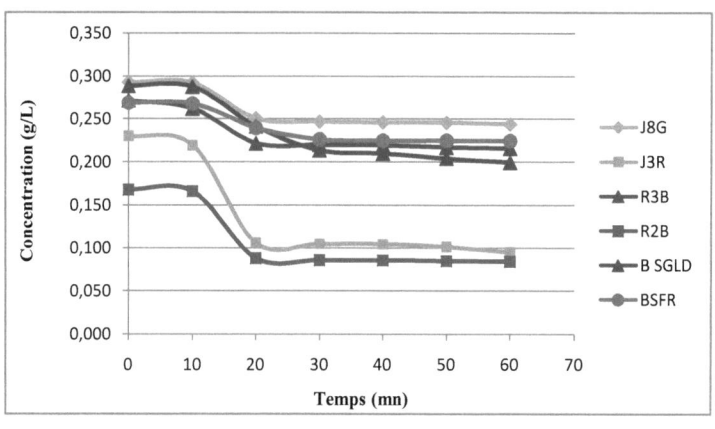

Figure 19. Stabilité des colorants dans le bain de teinture

III.2.3. Interprétations

- On constate que la concentration de tous les colorants diminuent dès l'ajout de l'alcali (après 15 mn) ensuite elle se stabilise à partir de la vingtième minute, c'est à dire après 10 minutes de l'ajout de l'alcali. Cette diminution de la concentration est due à l'hydrolyse du colorant.
- ➢ Pour cette raison, il faut éviter l'ajout de l'alcali avant la montée du colorant sur la matière.
- Une nuance de 0,3% avec un RdB 1/10 correspond normalement à une concentration de 0,3 g /L mais par calcul à partir des valeurs des absorbances on constate que les concentrations sont inférieures à 0,3g/L. Cela peut être expliqué par le fait que le colorant peut subir de l'hydrolyse dès sa mise en solution.
- Finalement, on a vérifié, pour une nuance de 1% que les colorants se comportent de la même manière.

IV. Substantivité des colorants

La substantivité est une mesure de la répartition d'un colorant entre la fibre et le bain de teinture aqueux.

IV.1. Mode opératoire

Afin de déterminer la substantivité des colorants on procède par déterminer l'épuisement au cours d'une teinture sans l'ajout d'aucun agent de teinture auxiliaire (sel, alcali).

IV.2. Résultats

Tableau 6. Relevés de mesures pour l'expérience de la substantivité

Colorant	Absorbance résiduelle	Concentration résiduelle	Concentration Fixée	E(%)
J S8G	10,495	0,938	0,062	6,21
J S3R	13,349	0,974	0,026	2,63
R S3B	19,764	0,988	0,012	1,23
R S2B	21,011	0,996	0,004	0,37
B SGLD	12,352	0,850	0,150	14,99
B SFR	10,725	0,670	0,330	33,01

On a utilisé une nuance de 1% avec un RdB 1/10 (Concentration initiale 1g/l)
Les résultats obtenus sont situés dans le tableau 6 et présentés par la figure 20 ;

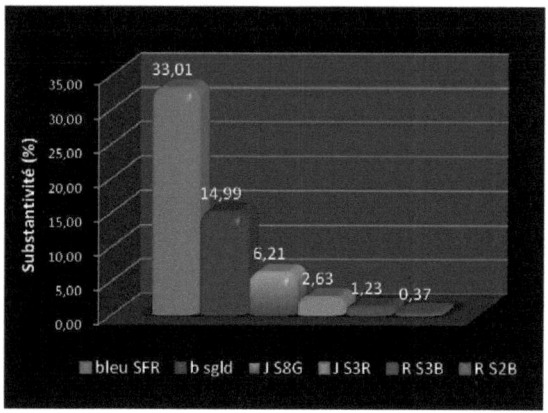

Figure 20. Substantivité des colorants

D'après la figure 20, le colorant BSFR est le colorant le plus substantif.

V. Cinétique de teinture

La cinétique de teinture a pour objectif d´étudier les colorants de point de vue vitesse de montée sur la matière en fonction du temps. Une telle étude sert à identifier provisoirement les colorants qui peuvent être utilisés en mélange. Ces colorants doivent avoir les mêmes courbes de montée.

V.1. Mode opératoire

Afin d´établir les courbes de la cinétique de teinture des colorants à étudier, on a suit les étapes suivantes :

- Préparer 10 échantillons de 2,5g pour chaque type colorant
- Effectuer la teinture des échantillons avec un Rdb 1/10 selon le process semi-industriel
- Faire sortir un échantillon tous les sept minutes (+ un échantillon juste après l´ajout de l´alcali)
- Mesurer l´Absorbance des bains résiduels de ces colorants

- Déterminer les concentrations des bains résiduels et les taux d´épuisement
- Tracer la courbe d´Epuisement en fonction du temps

V.2. Résultats

Les résultats présentés dans la page 2 de l´annexe1 nous permettent de tracer les courbes de l´évolution de l´épuisement en fonction du temps.
Ces courbes sont présentées par la figure 21.

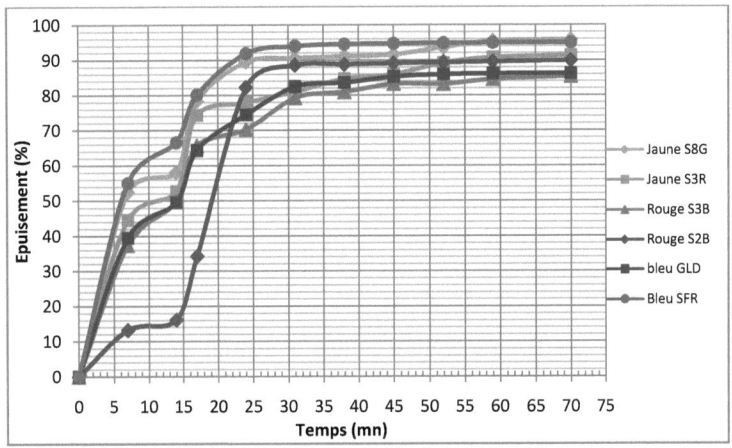

Figure 21. Cinétique de teinture des colorants réactifs

V.3. Interprétations

D´après les courbes, on constate que :

- Le bleu SFR possède la vitesse de montée la plus élevée et le rouge S2B possède la vitesse la plus faible. Il faut éviter de combiner ces deux colorants ensemble car le colorant bleu est plus substantif.
- Les trois colorants jaune S3R, rougeS3B et bleu SGLD possèdent les vitesses de montée les plus proches alors ils peuvent être combinés ensemble pour avoir un coloris donné.

Le temps de demi teinture est le temps nécessaire pour atteindre la moitié de l'épuisement total, ce temps est nécessaire pour la détermination du temps de la fixation.

Tableau 7. Temps de demi teinture et de fixation

Colorant	E(%)	E(%)/2	t1/2	t-montée	t-fixation
J S8G	92,99	46,49	6	12	24
J S3R	87,15	43,58	7	14	28
R S3B	82,77	41,39	8	16	32
R S2B	89,20	44,60	18	36	72
B SGLD	84,93	42,46	7,5	15	30
B SFR	94,64	47,32	6	12	24

Avec $t_{1/2}$: temps de demi-teinture

Et t-fixation = $4 \times t_{1/2}$

D'après le tableau 7, on constate que les colorants JS8G et BSFR possèdent les temps de fixation les plus faibles avec l'épuisement le plus élevé. Ces deux colorants ont des comportements similaires ce qui permet de pouvoir les combiner ensemble.

Les trois colorants jaune S3R, rougeS3B et bleu SGLD possèdent des temps de fixation très proches. Lors de leur combinaison, il faut utiliser le temps de fixation le plus élevé (32 minutes) afin de s'assurer que les trois colorants ont épuisés.

VI. Influence de la température sur les taux d'épuisement et de fixation

Selon Bezema les colorants utilisés possèdent une température de fixation optimale qui est égale à 60 °C. Dans cette partie on va étudier l'effet de variation de cette température sur les taux d'épuisement et de fixation.

On va travailler avec les températures 50, 60 et 70°C.

VI.1. Résultats

Grâce au spectrophotomètre on a obtenu les valeurs de l'Absorbance situées dans la page 4 de l'annexe1.

Tableau 8. Effet de variation de la température sur la fixation

Colorant	Température (°C)			Ecart(%)	
	50	60	70	R60-R50	R60-R70
Jaune S8G	78,32	81,99	74,49	3,67	7,51
Jaune S3R	80,93	80,67	71,63	-0,26	9,04
Rouge S3B	77,34	80,63	68,24	3,30	12,40
Rouge S2B	75,70	79,19	60,64	3,49	18,55
bleu GLD	81,53	81,51	71,38	-0,02	10,14
Bleu SFR	87,86	88,70	78,14	0,84	10,56

Les résultats obtenus sont présentés par le diagramme de la figure 22 .

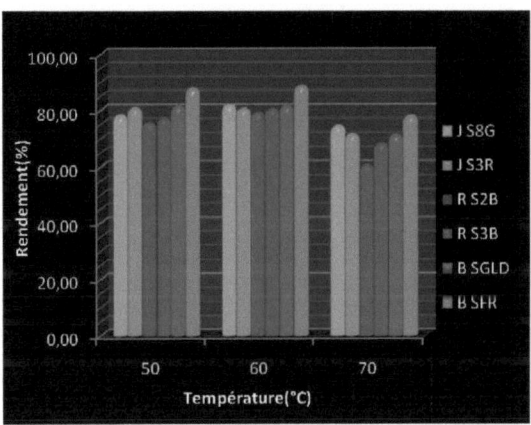

Figure 22. Diagramme présentant l'effet de variation de la température sur le rendement

VI.2. Interprétations

Normalement, plus on élève la température plus le rendement est meilleure car la matière gonfle plus. Alors que ici ce n'est pas le cas, on constate d'après le tableau 14 que les écarts entre les rendements des teintures effectuées à températures 60 et 70 sont élevés. Ceci peut être expliqué par le fait que la liaison covalente qui se réalise entre le colorant et la matière n'a pas eu lieu correctement à la température 70. D'autre part, entre les températures 50 et 60 les écarts sont très faibles. Une question se pose pourquoi ne pas travailler à température 50°C afin de gagner de l'énergie. En fait, l'objectif primordial de chaque entreprise est le profit sans beaucoup de dépenses.

VII. Influence de la concentration en électrolyte

Dans cette partie, on va étudier l'influence de la variation de la concentration de l'électrolyte sur l'épuisement et le rendement de la teinture. L'électrolyte utilisé est le sel fin ADC.

On étudiera les nuances 0,3%, 1%, 2% et 3%.

VII.1. Mode opératoire

On procèdera comme suit, on effectue la teinture par le process semi industriel cité précédemment. Pour chaque nuance, on commence par la concentration en sel qui existe dans la fiche de besoin en sel recommandée par Bezema ensuite on augmente chaque fois cette concentration et on refait la teinture jusqu'à noter une variation dans le comportement du colorant.

VII.2. Résultats et interprétations

Les relevés spectrophotométriques ainsi que le calcul des taux d'épuisement et de rendement pour la nuance 1% sont situés dans la page 5 de l'annexe.

Le tableau 9 regroupe les valeurs de rendement en fonction de la concentration en électrolyte.

Tableau 9. Effet de la variation de la concentration de l'électrolyte sur le rendement (N1%)

Colorant	Electrolyte (g/L)				
	0	30	40	50	60
J S8G	6,25	69,56	84,67	76,47	72,33
J S3R	15,19	74,95	80,67	88,03	85,34
R S3B	29,31	77,04	79,64	87,62	87,05
R S2B	45,65	71,65	75,37	79,78	77,11
B SGLD	13,34	79,06	81,51	74,55	61,89
B SFR	28,39	86,71	87,15	84,52	79,56

Afin de mieux interpréter ces valeurs, on préfère les présenter sous forme de courbes.

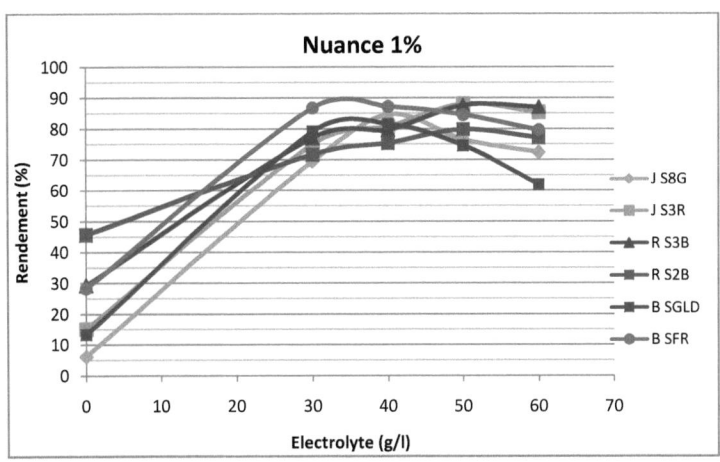

Figure 23. Variation du rendement en fonction de la concentration en électrolyte

- En premier lieu, une teinture avec le colorant réactif et sans sel ne permet de fixer q´une quantité très faible de colorant.

Il est remarquable que plus on augmente la quantité du sel plus le rendement est meilleur jusqu´à atteindre une concentration optimale à partir de laquelle le rendement commence à diminuer. Afin de pouvoir expliquer ce phénomène, il est intéressant de voir aussi la variation de l´épuisement en fonction de la variation de l´électrolyte (figure 24).

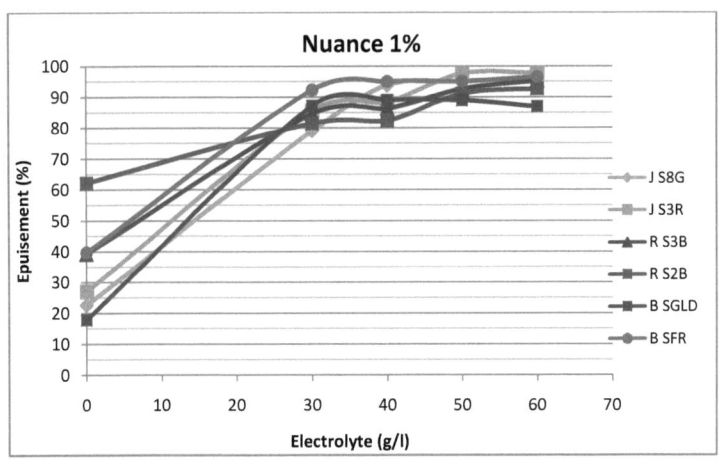

Figure 24. Variation de l´épuisement en fonction de la concentration en électrolyte

Il est clair que plus on augmente la concentration en sel plus l´épuisement augmente.

En effet, la cellulose dans l'eau prend une charge négative vu que le colorant est également un anion donc il y a répulsion électrostatique. De ce fait la probabilité d´adsorption du colorant est restreinte. L´adjonction du sel a pour effet de réprimer en partie cette barrière électrostatique. Donc l´affinité du colorant augmente pour la cellulose. Ce qui explique l´augmentation de l´épuisement en augmentant la concentration en électrolyte.

D´autre part, d´après les courbes de la figure 23 et 24 il est clair que la variation du rendement en fonction de l´électrolyte n´est pas similaire à la variation de l´épuisement.

On note une diminution dans le rendement à partir d´un certain seuil pour tous les colorants. Cette diminution est due à l´augmentation de la quantité de colorant montée sur la fibre mais non fixé. Ceci revient au fait que lorsqu´on a un excès de sel, le colorant a tendance à former des agrégats avec le sel qui ne seront pas fixés ultérieurement sur la matière.

Il est indispensable d´étudier l´effet de variation de la concentration en électrolyte pour d´autres concentrations en colorants.

Le reste de relevés de mesures pour les autres nuances se trouve dans l'annexe1.

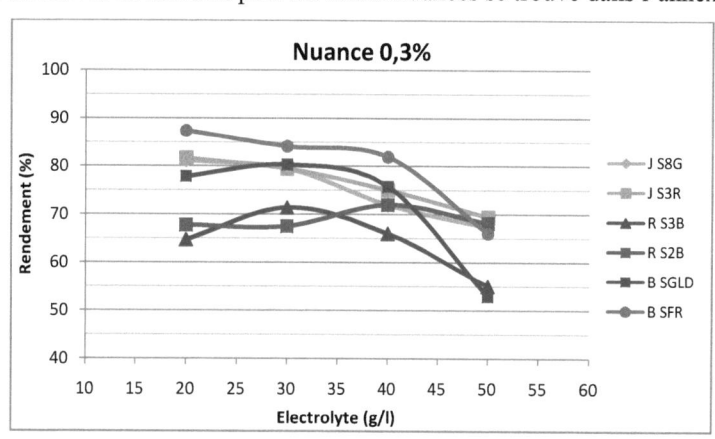

Figure 25. Variation du rendement en fonction de la concentration en électrolyte (Nuance 0,3%)

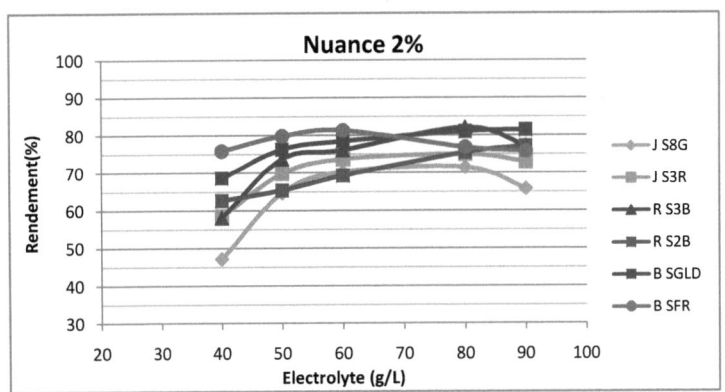

Figure 26 .Variation du rendement en fonction de la concentration en électrolyte (Nuance 2%)

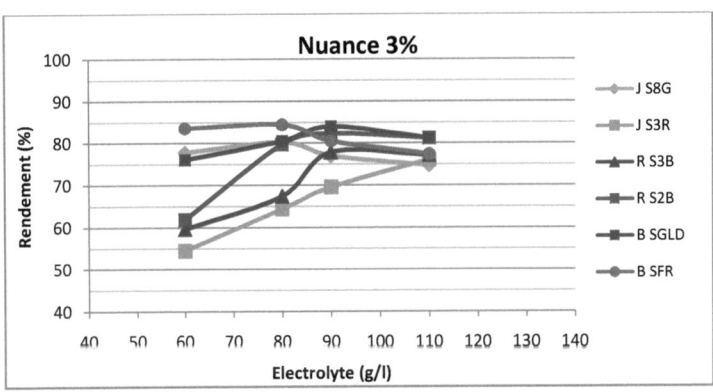

Figure 27. Variation du rendement en fonction de la concentration en électrolyte (Nuance 3%)

VII.3. Récapitulation

Dans le tableau suivant, on a regroupé les concentrations optimales en électrolyte pour chaque colorant pour les différentes nuances.

Tableau 10. Besoin en sel pour les colorants BEZACTIV S (RdB 1/10)

Colorant	g/l sel			
	N 0,3%	N 1%	N 2%	N 3%
J S8G	20	40	80	80
J S3R	20	50	80	120
R S3B	30	50	80	90
R S2B	40	50	90	90
B SGLD	30	40	90	90
B SFR	20	40	60	80

La fiche de besoin en sel recommandée par la firme Bezema est située dans l'annexe 2. En comparant les valeurs existantes dans cette fiche avec celles déterminées expérimentalement, on trouve une grande différence.

Lorsque la firme attribue les mêmes concentrations en électrolyte pour tous les colorants, elle suppose que ces derniers possèdent le même nombre de groupement sulfoné alors que ceci n'est pas vrai. En effet la concentration en électrolyte est reliée directement au degré de sulfonation du colorant. Il est prouvé que l'introduction dans un chromophore d'un nombre croissant de groupe tels que $-SO_3$ entraîne une diminution de l'affinité du colorant c'est à dire de sa substantivité.

Pour cette raison le colorant qui nécessite moins de sel pour donner un rendement maximal est le colorant le moins soluble et le plus substantif.

D'après le tableau 10, on peut dire que le colorant Bleu SFR est le colorant le plus subtantif car il nécessite toujours une quantité de sel plus faible que les autres pour donner un rendement meilleure, ce qui est déjà vérifié dès le début lors de l'évaluation de la substantivité des colorants. Pratiquement les courbes de ce colorant sont toujours situées au dessus des autres ce qui justifie sa grande substantivité.

De plus, on peut tirer des courbes précédentes que le colorant Rouge S2B est celui le moins substantif. Finalement, les colorants restants sont très proches dans leurs comportements.

VIII. Influence de la concentration en alcali

Parce que l'alcali est responsable de la fixation du colorant on va étudier l'influence de la variation de sa concentration sur le rendement de la teinture.

VIII.1. Mode opératoire :

L'agent alcalin utilisée possède le nom commercial Bufferon R11, la fiche technique de ce produit ainsi que les résultats sont situés dans l'annexe 2.

Pour les nuances 0,3-1-2-3% on a utilisé respectivement les concentrations en sel 30-40-80-90g/l.

VIII.2. Résultats et interprétations

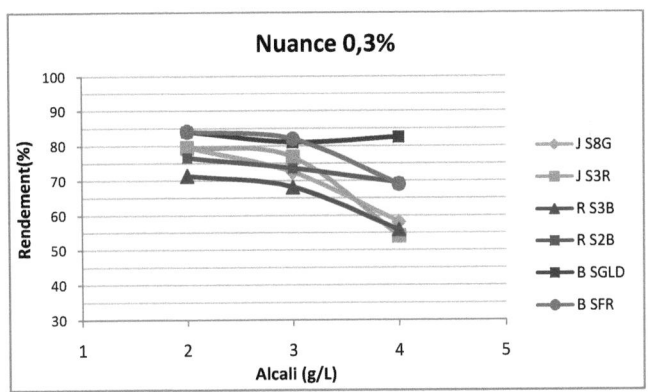

Figure 28. Variation du rendement en fonction de la concentration en alcali (N 0,3%)

La quantité recommandée par le fournisseur de ce produit pour une nuance de 0,3% est de 3 g/l alors que le pratique montre que la quantité optimale est de 2g/l.

On constate que pour une concentration de 4 g/l, on a une diminution du rendement de bain de teinture.

Un excès de concentration en alcali occasionnera une réduction dans les taux de fixation. Ceci est du à l'action des ions OH^- dans la solution ce qui entraine l'hydrolyse du colorant avant sa fixation sur la matière.

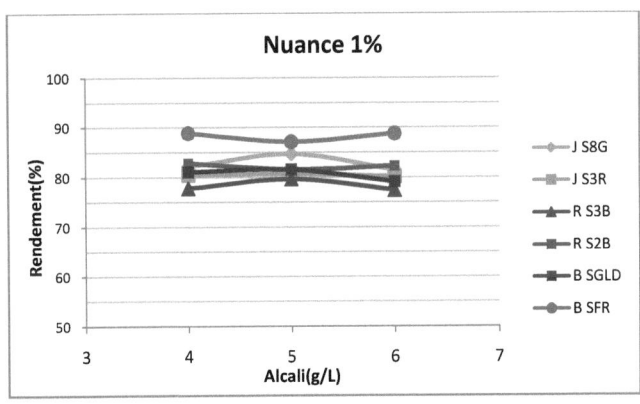

Figure 29. Variation du rendement en fonction de la concentration en alcali (N 1%)

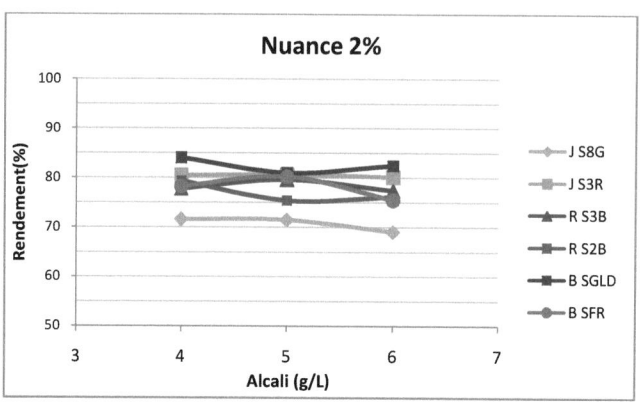

Figure 30. Variation du rendement en fonction de la concentration en alcali (N 2%)

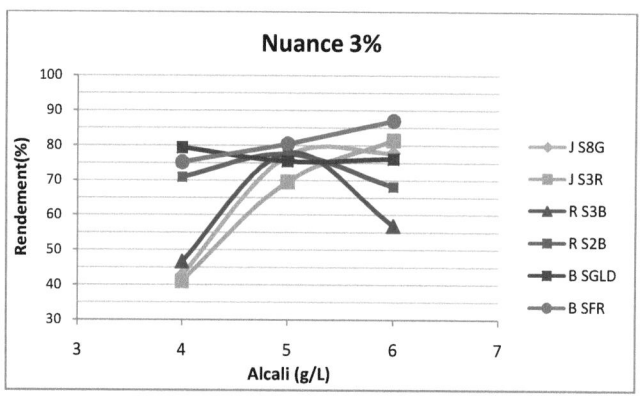

Figure 31. Variation du rendement en fonction de la concentration en alcali (N 3%)

Pour les nuances 0,3%, 1% et 2%, la variation de concentration de l'agent alcalin ne semble pas avoir un grand effet sur le rendement. Pour cette raison, on va attribuer la même concentration pour tous les colorants.

Mais pour la nuance 3%, la variation de la concentration en alcali possède un grand effet sur le rendement de la teinture.

On regroupe dans le tableau 11 les concentrations optimales en alcali pour toutes les nuances :

Tableau 11. Besoin en Alcali pour les colorants BEZACTIV S (RdB 1/10)

Colorant	Alcali g/l			
	N 0,3%	N 1%	N 2%	N 3%
J S8G	2	4	4	6
J S3R	2	4	4	6
R S3B	2	4	4	5
R S2B	2	4	4	5
B SGLD	2	4	4	5
B SFR	2	4	5	6

IX. Influence du rapport de bain

Normalement, tous les colorants accusent une baisse plus au moins sensible de leur substantivité au fur à mesure que le rapport de bain augmente. On va vérifier cette propriété pour nos colorants.

Dans le tableau 12, on a mentionné les quantités en sel et en alcali qu'on va utiliser.

Tableau 12. Concentrations utilisées en sel et en Alali

RdB	1/8			
Nuance (%)	0,3	1	2	3
sel (g/l)	30	40	80	90
Alcali (g/l)	2	4	4	5

IX.1. Résultats

Tous les résultats trouvés pour le rapport de bain 1/8 sont regroupés dans le tableau 13. Afin de mieux interpréter ces résultats, on les a ajouté les valeurs trouvées dans la partie précédente pour un RdB 1/10.

Tableau 13. Rendement des colorants en fonction de la nuance et du rapport de bain

Colorant	Nuance (%)							
	RdB 1/8				RdB 1/10			
	0,3	1	2	3	0,3	1	2	3
J S8G	77,93	72,31	74,81	81,23	79,51	82,19	71,61	76,96
J S3R	81,39	78,71	77,60	78,13	79,46	80,46	77,32	69,57
R S3B	74,55	73,55	71,20	83,79	71,41	77,78	82,07	77,81
R S2B	81,30	77,47	80,14	81,17	76,54	82,87	75,42	77,51
B SGLD	80,62	73,00	77,60	84,61	80,32	81,09	84,03	83,97
B SFR	85,54	86,38	89,76	85,67	84,09	88,88	78,26	80,50

Les figures suivantes présentent la variation du rendement, pour tous les colorants, en fonction de nuance et du rapport de bain :

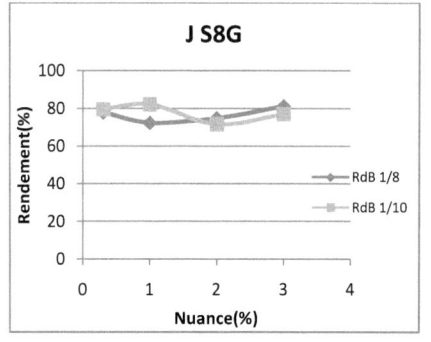 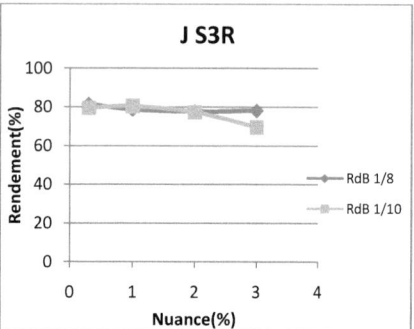

Figure 32. Effet de variation du rapport de bain sur le rendement des colorants jaunes

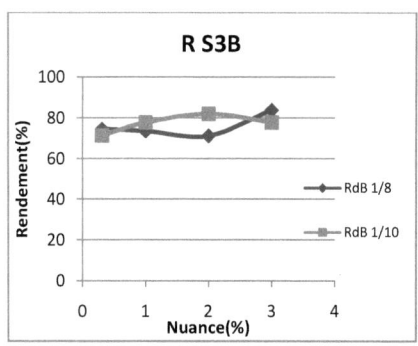 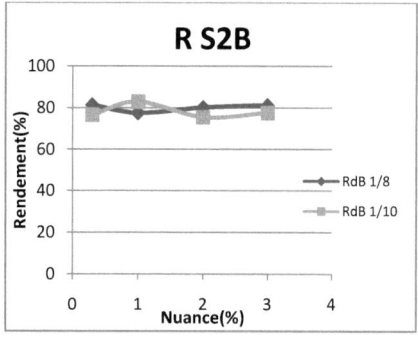

Figure 33. Effet de variation du rapport de bain sur le rendement des colorants rouges

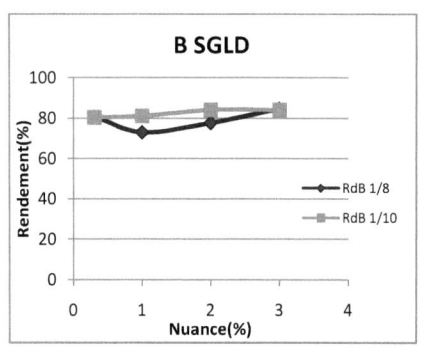 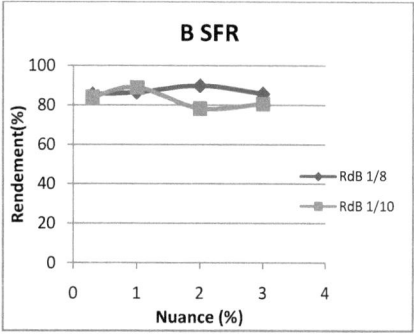

Figure 34. Effet de variation du rapport de bain sur le rendement des colorants bleues

IX.2. Interprétations

Normalement plus le rapport de bain est court plus le rendement est meilleur, ce qui n'est pas vrai pour tous les résultats trouvés. C'est vrai que les rendements sont très proches, mais on a pour certains nuances le RdB 1/10 est plus rentable et pour d'autres nuances le 1/8 est plus rentable.

Ceci peut être expliqué par le fait que les quantités optimales en sel déterminées précédemment pour le rapport de bain 1/10 ne sont pas les mêmes qu'il faut utiliser dans un rapport de bain 1/8.

Pour s'en persuader, on a refait l'expérience pour le colorant J S8G avec une concentration en électrolyte de 30g /l et non pas 40g/l .On a constaté une augmentation remarquable au niveau de son rendement pour la nuance 1%.

Alors pour travailler avec un RdB 1/8 il est nécessaire de déterminer les concentrations optimales en sel car les concentrations optimales pour le RDB 1/10 ne sont pas valables pour le RDB 1/8.

X. Conclusion

Dans le chapitre caractérisation des colorants, tout le travail s'est basé sur des mesures par spectrophotomètre et des calculs des taux d'épuisement et de fixation. On a déterminé la substantivité de six colorants réactifs ainsi que la cinétique de teinture de ces colorants. Ensuite, on a étudié l'influence de certains paramètres de teinture sur cette substantivité et sur la rentabilité de la teinture. Parmi ces paramètres, on peut citer la température, la concentration en électrolyte, la concentration en alcali et le rapport de bain.Ce travail nous a permis de déterminer les concentrations optimales en électrolytes et en alcali à utiliser avec
différentes nuances.

Chapitre 4
Etude de la possibilité de réalisation des trichromies

Etude de la possibilité de réalisation des trichromies

Afin de répondre aux exigences des clients, pratiquement toutes les couleurs sont obtenues en mélangeant trois colorants. La réalisation de ces trichromies pose beaucoup de problèmes, parmi les quels on peut citer les interactions qui se forment entre les colorants. Alors si on espère pouvoir retrouver une couleur par trichromie et si le teinturier veut obtenir des résultats satisfaisants en faisant de tels mélanges, il faut bien sélectionner les colorants. Dans ce cadre, on a intérêt à identifier les colorants qui peuvent être mélangés ensemble. L'objectif de cette partie est d'identifier les trichromies les plus rentables pouvant être réalisées à partir de nos six colorants.

I. Méthode de détermination de l'épuisement de chaque colorant dans une trichromie

Pour déterminer l'épuisement d'un colorant en monochromie, on a procédé comme suit :

- On mesure l'Absorbance du bain résiduel à la longueur d'onde du colorant
- On détermine la concentration du colorant suivant la loi de Beer-Lambert : $A = k.C_r$
- On calcule la concentration du colorant montée sur la matière $C_m = C_i - C_r$
- Finalement, l'Epuisement est donné par la relation : $E(\%) = 100 \times \frac{C_f}{C_i}$

En trichromie, on va procéder de même mais dans ce cas l'Absorbance à la longueur d'onde d'un seul colorant est égale à la somme de l'Absorbance des trois colorants.

Exemple :

Soient trois colorants : Jaune, Rouge et Bleu

- $A(\lambda_J)$: Absorbance du bain résiduel à la longueur d'onde du jaune
- $A(\lambda_R)$: Absorbance du bain résiduel à la longueur d'onde du rouge
- $A(\lambda_B)$: Absorbance du bain résiduel à la longueur d'onde du bleu

On a :

$$\begin{cases} A(\lambda_J) = A_J(\lambda_J) + A_R(\lambda_J) + A_B(\lambda_J) \\ A(\lambda_R) = A_J(\lambda_R) + A_R(\lambda_R) + A_B(\lambda_R) \\ A(\lambda_B) = A_J(\lambda_B) + A_R(\lambda_B) + A_B(\lambda_B) \end{cases}$$

Avec :

$A_R(\lambda_J)$: désigne l'Absorbance du colorant rouge à la longueur d'onde du jaune

$A_B(\lambda_J)$: désigne l'Absorbance du colorant bleu à la longueur d'onde du jaune

$A_J(\lambda_R)$: désigne l'Absorbance du colorant jaune à la longueur d'onde du rouge

$A_B(\lambda_R)$: désigne l'Absorbance du colorant bleu à la longueur d'onde du rouge

$A_J(\lambda_B)$: désigne l'Absorbance du colorant jaune à la longueur d'onde du bleu

$A_B(\lambda_B)$: désigne l'Absorbance du colorant rouge à la longueur d'onde du bleu

- Soient deux colorants A et B, on propose les désignations suivantes

$A_A(\lambda_B)$: désigne l'Absorbance de A à la longueur d'onde de B

$k_A(\lambda_B)$: Coefficient de Beer-Lambert du colorant A à la longueur d'onde de B

C_A : Concentration du colorant A

D'après Beer-Lambert : $\boldsymbol{A_A(\lambda_B) = k_A(\lambda_B) \cdot C_A}$

Alors si les trois colorants J, R et B vérifient la loi de Beer-Lambert, on a :

❖ à la longueur d'onde du jaune

$A_J(\lambda_J) = k_J(\lambda_J) \cdot C_J$
$A_R(\lambda_J) = k_R(\lambda_J) \cdot C_R$
$A_B(\lambda_J) = k_B(\lambda_J) \cdot C_B$

❖ à la longueur d'onde du rouge ·

$A_J(\lambda_R) = k_J(\lambda_R) \cdot C_J$
$A_R(\lambda_R) = k_R(\lambda_R) \cdot C_R$
$A_B(\lambda_R) = k_B(\lambda_R) \cdot C_B$

❖ à la longueur d'onde du bleu

$A_J(\lambda_B) = k_J(\lambda_B) \cdot C_J$
$A_R(\lambda_B) = k_R(\lambda_B) \cdot C_R$
$A_B(\lambda_B) = k_B(\lambda_B) \cdot C_B$

Le système alors s'écrit comme suit :

$$\begin{cases} A(\lambda_J) = k_J(\lambda_J) \cdot C_J + k_R(\lambda_J) \cdot C_R + k_B(\lambda_J) \cdot C_B \\ A(\lambda_R) = k_J(\lambda_R) \cdot C_J + k_R(\lambda_R) \cdot C_R + k_B(\lambda_R) \cdot C_B \\ A(\lambda_B) = k_J(\lambda_B) \cdot C_J + k_R(\lambda_B) \cdot C_R + k_B(\lambda_B) \cdot C_B \end{cases}$$

Afin de faciliter la résolution de ce système, on va l'écrire sous forme matricielle :

$$\begin{pmatrix} A(\lambda_J) \\ A(\lambda_R) \\ A(\lambda_B) \end{pmatrix} = \begin{pmatrix} k_J(\lambda_J) & k_R(\lambda_J) & k_B(\lambda_J) \\ k_J(\lambda_R) & k_R(\lambda_R) & k_B(\lambda_R) \\ k_J(\lambda_B) & k_R(\lambda_B) & k_B(\lambda_B) \end{pmatrix} \begin{pmatrix} C_J \\ C_R \\ C_B \end{pmatrix}$$

> Il est nécessaire de déterminer le coefficient de la loi de Beer-Lambert pour chaque colorant à chaque longueur d'onde.

II. Elaboration des courbes d'étalonnage

Comme on a six colorants à étudier, pour chaque colorant on déterminera les coefficients de Beer Lambert aux longueurs d'ondes des quatre colorants restants.

- *Rouge S3B*

On désigne par R1 le colorant rouge S3B et par R2 celui rouge S2B. Voici les courbes d'étalonnage du colorant Rouge S3B aux longueurs d'onde des colorants jaunes :

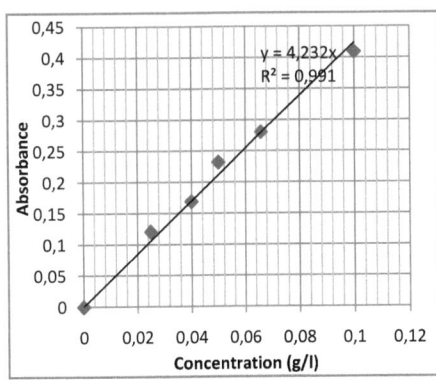
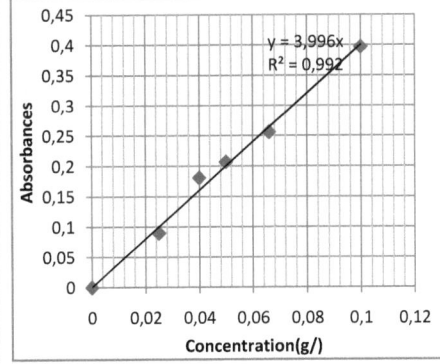

Figure 35. Courbe d'étalonnage du rouge à la longueur d'onde du jaune S3R (λ_{J1}=446 nm)

Figure 36. Courbe d'étalonnage du rouge à la longueur d'onde du jaune S8G (λ_{J2}=442 nm)

De plus on a l'Absorbance du colorant R S3B au niveau de la longueur d'onde du bleu (λ=662 nm) est nulle. Ce qui en résulte :

- ✓ $k_{R1}(\lambda_B) = 0$
- ✓ $k_{R1}(\lambda_{J1}) = 4{,}232$
- ✓ $k_{R1}(\lambda_{J2}) = 3{,}996$
- ✓ $k_{R1}(\lambda_{R1}) = 20{,}01$

De la même manière, nous avons élaboré les courbes d'étalonnage des différents colorants aux longueurs d'onde des autres colorants et nous avons obtenu les coefficients de Beer Lambert suivants :

- **Rouge S2B**

  - ✓ $k_{R2}(\lambda_B) = 0$
  - ✓ $k_{R2}(\lambda_{J1}) = 5{,}153$
  - ✓ $k_{R2}(\lambda_{J2}) = 4{,}746$
  - ✓ $k_{R2}(\lambda_{R2}) = 21{,}09$

- **Jaune S 3R**

  - ✓ $k_{J1}(\lambda_B) = 0$
  - ✓ $k_{J1}(\lambda_B) = 0$
  - ✓ $k_{J1}(\lambda_{R2}) = 0$
  - ✓ $k_{J1}(\lambda_{J1}) = 13{,}71$

- **Jaune S 8G**

  - ✓ $k_{J2}(\lambda_B) = 0$
  - ✓ $k_{J2}(\lambda_{R1}) = 0$
  - ✓ $k_{J2}(\lambda_{R2}) = 0$
  - ✓ $k_{J2}(\lambda_{J2}) = 11{,}19$

- **Bleu SGLD**

  - ✓ $k_{B1}(\lambda_{J1}) = 2{,}325$
  - ✓ $k_{B1}(\lambda_{J2}) = 2{,}049$
  - ✓ $k_{B1}(\lambda_{R1}) = 6{,}587$
  - ✓ $k_{B1}(\lambda_{R2}) = 5{,}595$
  - ✓ $k_{B1}(\lambda_B) = 14{,}53$

- *Bleu SFR*

  ✓ $k_{B2}(\lambda_{J1}) = 2{,}621$
  ✓ $k_{B2}(\lambda_{J2}) = 2{,}201$
  ✓ $k_{B2}(\lambda_{R1}) = 7{,}106$
  ✓ $k_{B2}(\lambda_{R2}) = 6{,}674$
  ✓ $k_{B2}(\lambda_B) = 16{,}01$

III. Etude de la possibilité de réalisation des trichromies

L'objectif de cette partie est d'étudier les différentes possibilités de trichromies avec les six colorants afin de sélectionner les trichromies les plus rentables.

III.1. Etude de la première trichromie

Dans la partie de caractérisation des colorants, on a montré dans l'étude cinétique que les trois colorants Jaune S3R, Rouge S3B et Bleu SGLD sont très proches dans leurs comportements de point de vue vitesse de montée sur la matière. Alors, à priori ils peuvent donner une trichromie économiquement rentable.

Dans cette partie, on va utiliser ces colorants en mélange afin de vérifier ce résultat. On a eu recours à un triangle de couleurs afin d'étudier une variété de combinaisons. La figure 37 présente les proportions (%) en colorants ;

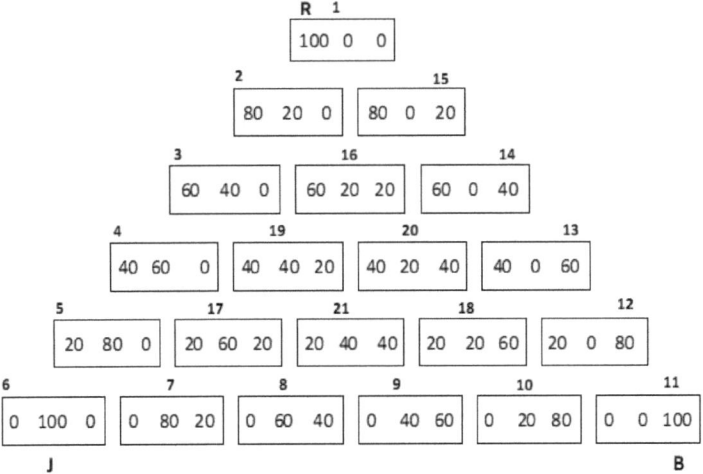

Figure 37. Proportions en colorants dans un triangle de couleurs à pas de 20 %

N.B : La nuance totale utilisée est de 2% avec un RdB de 1/10 ce qui correspond à une concentration de 2 g/l.

III.1.1. Calcul et Résultats

On traitera quelques exemples de calcul, ensuite on regroupera tous les résultats dans un tableau.

<u>Exemples de calcul</u> :

On a d'après la partie précédente, le système global s'écrit sous la forme suivante :

$$\begin{pmatrix} A(\lambda_J) \\ A(\lambda_R) \\ A(\lambda_B) \end{pmatrix} = \begin{pmatrix} k_J(\lambda_J) & k_R(\lambda_J) & k_B(\lambda_J) \\ k_J(\lambda_R) & k_R(\lambda_R) & k_B(\lambda_R) \\ k_J(\lambda_B) & k_R(\lambda_B) & k_B(\lambda_B) \end{pmatrix} \begin{pmatrix} C_J \\ C_R \\ C_B \end{pmatrix}$$

Dans notre cas ce système s'écrit sous la forme suivante :

$$\begin{pmatrix} A(\lambda_J) \\ A(\lambda_R) \\ A(\lambda_B) \end{pmatrix} = \begin{pmatrix} 13,71 & 4,232 & 2,325 \\ 0 & 20,01 & 6,587 \\ 0 & 0 & 14,53 \end{pmatrix} \begin{pmatrix} C_J \\ C_R \\ C_B \end{pmatrix}$$

➢ Afin de déterminer la concentration résiduelle de chaque colorant dans n'importe quelle combinaison on aura recours à ce système

❖ Combinaisons {2, 3, 4, 5} : Jaune + Rouge

$$\begin{pmatrix} A(\lambda_J) \\ A(\lambda_R) \end{pmatrix} = \begin{pmatrix} 13,71 & 4,232 \\ 0 & 20,01 \end{pmatrix} \begin{pmatrix} C_J \\ C_R \end{pmatrix}$$

Avec: $\quad C_R = \dfrac{A(\lambda_R)}{20,01}$

$$C_J = \frac{A(\lambda_J) - 4{,}232\, C_R}{13{,}71}$$

❖ Combinaisons {7, 8, 9, 10} : Jaune + Bleu

$$\begin{pmatrix} A(\lambda_J) \\ A(\lambda_B) \end{pmatrix} = \begin{pmatrix} 13,71 & 2,325 \\ 0 & 14,53 \end{pmatrix} \begin{pmatrix} C_J \\ C_B \end{pmatrix}$$

Avec: $C_B = \dfrac{A(\lambda_B)}{14{,}53}$

$C_J = \dfrac{A(\lambda_J) - 2{,}325\, C_B}{13{,}71}$

❖ Combinaisons {12, 13, 14, 15} : Rouge + Bleu

$$\begin{pmatrix} A(\lambda_R) \\ A(\lambda_B) \end{pmatrix} = \begin{pmatrix} 20{,}01 & 6{,}587 \\ 0 & 14{,}53 \end{pmatrix} \begin{pmatrix} C_R \\ C_B \end{pmatrix}$$

Avec: $C_B = \dfrac{A(\lambda_B)}{14{,}53}$

$C_R = \dfrac{A(\lambda_R) - 6{,}587\, C_B}{20{,}01}$

❖ Combinaisons {16, 17, 18, 19, 20, 21} : Rouge + Jaune + Bleu

$$\begin{pmatrix} A(\lambda_J) \\ A(\lambda_R) \\ A(\lambda_B) \end{pmatrix} = \begin{pmatrix} 13{,}71 & 4{,}232 & 2{,}325 \\ 0 & 20{,}01 & 6{,}587 \\ 0 & 0 & 14{,}53 \end{pmatrix} \begin{pmatrix} C_J \\ C_R \\ C_B \end{pmatrix}$$

Avec: $C_B = \dfrac{A(\lambda_B)}{14{,}53}$

$C_R = \dfrac{A(\lambda_R) - 6{,}587\, C_B}{20{,}01}$

$C_J = \dfrac{A(\lambda_J) - 4{,}232\, C_R - 2{,}325\, C_B}{13{,}75}$

Le tableau 14 regroupe tous les résultats obtenus pour les différents échantillons du triangle de couleurs :

Tableau 14. Relevés de mesures spectrophotométriques, concentrations et épuisements des colorants dans chaque combinaison

	Pourcentage	Concentration initiale			Absorbance résiduelle			Concentration résiduelle			Epuisement			E_T
	(R J B)	C_b	C_r	C_j	A (λ_B)	A (λ_R)	A (λ_J)	C_B	C_R	C_J	E_B	E_R	E_J	
1	100 0 0	0	2	0	0	5,55	0	0	0,27	0	0	**86**	0	86
2	80 20 0	0	1,6	0,4	0	4,92	1,46	0	0,24	0,03	0	84	92	86
3	60 40 0	0	1,2	0,8	0	4,54	2,20	0	0,23	0,09	0	80	88	83
4	40 60 0	0	0,8	1,2	0	4,62	2,69	0	0,23	0,12	0	71	89	82
5	20 80 0	0	0,4	1,6	0	1,35	2,64	0	0,068	0,17	0	83	89	88
6	0 100 0	0	0	2	0	0	3,56	0	0	0,26	0	0	**87**	87
7	0 80 20	0,4	0	1,6	0,85	0,83	4,47	0,05	0	0,31	85	0	80	81
8	0 60 40	0,8	0	1,2	1,94	1,16	2,74	0,13	0	0,17	83	0	85	84
9	0 40 60	1,2	0	0,8	1,51	0,87	2,43	0,10	0	0,16	91	0	80	86
10	0 20 80	1,6	0	0,4	2,24	1,03	0,98	0,15	0	0,04	90	0	88	89
11	0 0 100	2	0	0	2,09	1,25	0,75	0,14	0	0	**92**	0	0	92
12	20 0 80	1,6	0,4	0	2,32	2,37	0,54	0,16	0,06	0	90	83	0	88
13	40 0 60	1,2	0,8	0	0,93	2,22	0,23	0,06	0,09	0	94	88	0	92
14	60 0 40	0,8	1,2	0	0,53	3,33	0,67	0,03	0,15	0	95	87	0	90
15	80 0 20	0,4	1,6	0	0,24	3,89	0,58	0,01	0,18	0	95	88	0	89
16	60 20 20	0,4	1,2	0,4	0,66	3,40	1,73	0,04	0,15	0,07	88	87	82	86
17	20 60 20	0,4	0,4	1,2	0,44	2,32	2,79	0,03	0,10	0,16	92	73	86	84
18	20 20 60	1,2	0,4	0,4	2,27	2,61	1,36	0,15	0,079	0,04	86	80	87	85
19	40 40 20	0,4	0,8	0,8	0,38	2,18	1,87	0,02	0,100	0,10	93	87	87	88
20	40 20 40	0,8	0,8	0,4	0,52	1,83	0,81	0,03	0,08	0,02	95	90	92	92
21	20 40 40	0,8	0,4	0,8	1,10	1,89	2,14	0,07	0,07	0,12	90	82	84	86

Avec: $E_T = 100 \times (2 - C_B - C_R - C_J)/2$

III.1.2. Interprétations

- En premier lieu, le calcul de l'épuisement totale pour chaque combinaison a montré que ce dernier ne dépasse pas l'épuisement, en monochromie, de chacun des colorants constituants la combinaison. Ceci, est vrai pour toutes les combinaisons et il est du aux interactions qui peuvent exister entre les colorants en les mélangeant.

Il est nécessaire d'étudier le comportement des colorants mélangés deux à deux afin de pouvoir plus tard interpréter les résultats obtenus pour les trichromies.
De ce fait, on commencera tout d'abord par les combinaisons obtenues seulement par deux colorants

- En mélangeant le jaune S3R avec le rouge S3B, on constate que l'épuisement du jaune augmente légèrement alors que celui du rouge diminue pour toutes les proportions utilisées.

On peut dire que les molécules du colorant jaune gênent la montée des molécules rouges.

- Au niveau de la combinaison 4(60% Jaune + 40%Rouge), l'épuisement du rouge en mélange a diminué de l'ordre de 15% par rapport à son épuisement en monochromie.

Alors il faut éviter les combinaisons dont la proportion en colorant jaune est légèrement supérieure à celle en colorant rouge car elle entraîne une perte au niveau du colorant rouge.

- En mélangeant le jaune S3R avec le bleu SGLD, une diminution de l'ordre de 7 à 9 % dans l'épuisement du colorant bleu a eu lieu au niveau des combinaisons 7 et 8. On constate que pour ces deux combinaisons la proportion en colorant jaune est supérieure à celle du bleu.

Le comportement du bleu en mélange avec le jaune dépend de sa proportion. Lorsque la proportion en bleu est inferieure à celle du jaune, l'épuisement du Bleu diminue. Par contre, lorsqu'elle est supérieure l'épuisement du bleu en mélange est très proche de son épuisement en monochromie.

- Les combinaisons 12, 13, 14, 15 montrent qu´un mélange entre le rouge et le bleu avec toutes les proportions donnent des épuisements très élevés pour les deux colorants.

Après avoir étudié le comportement des colorants en bichromie, passons à l´étude de la trichromie.

- Une comparaison entre les combinaisons des trois colorants, montre qu´au niveau de la combinaison 17 on a une diminution dans l´épuisement du colorant rouge.

L´écart entre l´épuisement en monochromie et celui en trichromie est de l´ordre de 13%.

La combinaison 17 entraîne des pertes dans le colorant rouge alors elle n´est pas rentable économiquement.

La proportion en colorant jaune dans cette combinaison est la plus élevé ce qui prouve encore le résultat obtenu en mélangeant seulement le rouge et le jaune. Lorsqu´ils sont mis en grande proportion les molécules du colorant jaune gênent la montée du colorant rouge.

Pourtant, dans cette trichromie le colorant bleu possède la même proportion que celle du rouge, il n´a pas subit une diminution dans son épuisement

Avec les proportions de la combinaison 17(20% rouge + 60% jaune + 20% bleu) le colorant jaune S3R n´a pas d´effet sur le bleu SGLD

- La meilleure combinaison obtenue est la combinaison 20 (40% rouge + 20% jaune + 40% bleu), les trois colorants de cette combinaison ont des épuisements très élevés. De plus l´épuisement totale est pratiquement égale à l´épuisement du colorant bleu en monochromie. En fait c´est l´épuisement le plus élevé des trois colorants.

- Finalement, le bleu possède dans tous les cas l´épuisement le plus élevé ce qui justifie sa substantivité élevée prouvée dès le début de la caractérisation des colorants.

Dans la partie qui suit, on va substituer les colorants utilisés dans cette partie par les autres colorants dans le but d´étudier toutes les trichromies possibles et par la suite choisir la meilleure.

III.2. Etude d'une trichromie bien déterminée

Lors de la réalisation de cette partie, le responsable du laboratoire de développement nous a demandé d'étudier une trichromie bien spécifique qui est en cours de production.

La trichromie proposée est la suivante :

1% jaune S3R + 0,3 % rouge S3B + 0,7% bleu SGLD

III.2.1. Etude cinétique

On a effectué la teinture avec une nuance de 2%. La concentration du bleu est égale à 0,7 g/l, rouge 0,3 g/l et jaune 1g/l. Chaque 10 minute, on effectue un prélèvement et on mesure l'absorbance du bain résiduel.

Les courbes spectrales des différents échantillons sont présentées ci-dessous :

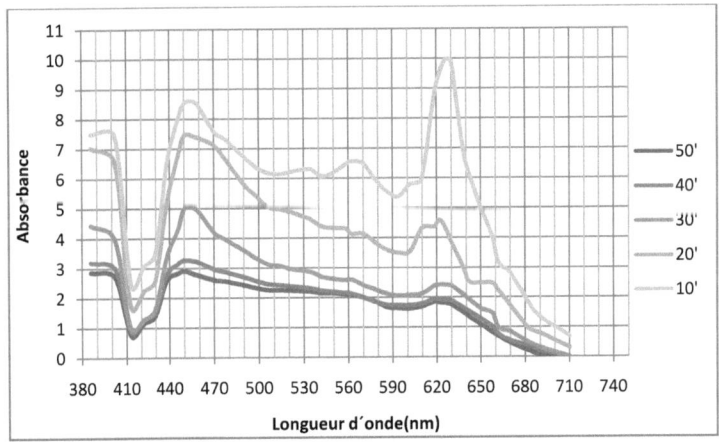

Figure38. Courbes spectrales du bain de teinture de la trichromie relevées chaque 10 minutes

Afin de mieux interpréter ces courbes, on va calculer l'épuisement des trois colorants pour chaque prélèvement pour voir l'évolution des colorants au cours de la teinture. Le tableau 15 rassemble toutes les mesures spectrophotometriques, ainsi que le calcul des concentrations et des taux d'épuisements.

Tableau 15. Evolution de l'épuisement de chaque colorant au cours de la teinture.

prélèvement	Absorbance résiduelle			Concentration résiduelle			Epuisement			E_T
	$A(\lambda_B)$	$A(\lambda_R)$	$A(\lambda_J)$	C_B	C_R	C_J	E_B	E_R	E_J	
1	9,5	6,721	8,012	0,654	0,121	0,436	6,60	59,78	56,37	39,46
2	4,593	4,386	6,786	0,316	0,115	0,406	54,84	61,62	59,42	58,15
3	2,418	2,694	4,33	0,166	0,080	0,263	76,23	73,38	73,70	74,54
4	1,91	2,224	3,15	0,131	0,068	0,187	81,22	77,38	81,35	80,71
5	1,818	2,142	2,83	0,125	0,066	0,165	82,13	78,05	83,51	82,21

III.2.2. Interprétations

- D'après ce tableau, pourtant le bleu SGLD est plus substantif que les deux autres colorants, on constate qu'après 10 mn de la teinture il n'y a qu'une quantité très faible du bleu qui a montée sur la matière (E_B =6%)
- Après l'ajout de l'alcali effectué à 15 minutes du process, l'épuisement du bleu passe de 6% pour atteindre les 54%, ce qui fait que ce colorant monte très rapidement sur la matière avec l'ajout de l'alcali.
- Le comportement du jaune et du rouge n'a pas été influencé par l'ajout de l'alcali.

En conclusion, l'épuisement du bleu SGLD diminue considérablement lorsque la proportion en jaune est grande ce qui ne se contre dit pas avec les résultats obtenus en mélangeant le jaune et le bleu seulement. On peut résoudre ce problème par la mise du colorant bleu dans le bain de teinture avant quelques minutes de la mise du jaune.

III.3. Etude de différentes combinaisons

D'après la partie précédente quelque soit la concentration du bleu dans le bain de teinture, il possède l'épuisement le plus élevée dans le mélange. De plus dès le début de la caractérisation des colorants, on a montré que les deux colorants bleus sont les colorants les plus substantifs.

Pour cette raison, dans la suite le Bleu SGLD et le Bleu SFR seront utilisés en proportion la plus faible dans les différents mélanges.

III.3.1. Combinaisons à étudier

A partir de nos six colorants, on est capable de réaliser huit combinaisons différentes. Ces combinaisons sont regroupées dans le tableau suivant :

Tableau 16. Différentes combinaisons possibles

	Jaune	Rouge	Bleu
1	JS3R	RS3B	BSGLD
2	JS3R	RS3B	BSFR
3	JS3R	RS2B	BSGLD
4	JS3R	RS2B	BSFR
5	JS8G	RS3B	BSGLD
6	JS8G	RS3B	BSFR
7	JS8G	RS2B	BSGLD
8	JS8G	RS2B	BSFR

N.B : La nuance totale est de 2% avec un RdB 1/10, c'est a dire la concentration en colorants est de 2 g/L.

Les proportions en colorants J, R et B sont respectivement les suivant : 40%, 40%, 20% ce qui correspond aux concentrations suivantes : 0,8 g/l -0,8 g/l -0,4 g/l

III.3.2. Résultats

Afin de pouvoir déterminer l'épuisement de chaque colorant dans les différentes combinaisons, il est nécessaire d'écrire les systèmes à résoudre sous forme matricielle :

- Trichromie 1

$$\begin{pmatrix} 2,584 \\ 2,93 \\ 0,692 \end{pmatrix} = \begin{pmatrix} 13,71 & 4,232 & 2,325 \\ 0 & 20,01 & 6,587 \\ 0 & 0 & 14,53 \end{pmatrix} \begin{pmatrix} C_{J1} \\ C_{R1} \\ C_{B1} \end{pmatrix}$$

- Trichromie 2

$$\begin{pmatrix} 2,584 \\ 2,931 \\ 0,393 \end{pmatrix} = \begin{pmatrix} 13,71 & 4,232 & 2,621 \\ 0 & 20,01 & 7,106 \\ 0 & 0 & 16,01 \end{pmatrix} \begin{pmatrix} C_{J1} \\ C_{R1} \\ C_{B2} \end{pmatrix}$$

- Trichromie 3

$$\begin{pmatrix} 4,12 \\ 2,36 \\ 0,62 \end{pmatrix} = \begin{pmatrix} 13,71 & 5,153 & 2,325 \\ 0 & 21,09 & 5,595 \\ 0 & 0 & 14,53 \end{pmatrix} \begin{pmatrix} C_{J1} \\ C_{R2} \\ C_{B1} \end{pmatrix}$$

- Trichromie 4

$$\begin{pmatrix} 3,544 \\ 2,108 \\ 0,319 \end{pmatrix} = \begin{pmatrix} 13,71 & 5,153 & 2,621 \\ 0 & 21,09 & 5,674 \\ 0 & 0 & 16,01 \end{pmatrix} \begin{pmatrix} C_{J1} \\ C_{R2} \\ C_{B2} \end{pmatrix}$$

- Trichromie 5

$$\begin{pmatrix} 2,178 \\ 2,392 \\ 0,599 \end{pmatrix} = \begin{pmatrix} 11,19 & 3,996 & 2,049 \\ 0 & 20,01 & 6,587 \\ 0 & 0 & 14,53 \end{pmatrix} \begin{pmatrix} C_{J2} \\ C_{R1} \\ C_{B1} \end{pmatrix}$$

- Trichromie 6

$$\begin{pmatrix} 2,652 \\ 1,732 \\ 0,577 \end{pmatrix} = \begin{pmatrix} 11,19 & 3,996 & 2,201 \\ 0 & 20,01 & 7,106 \\ 0 & 0 & 16,01 \end{pmatrix} \begin{pmatrix} C_{J2} \\ C_{R1} \\ C_{B2} \end{pmatrix}$$

- Trichromie 7

$$\begin{pmatrix} 3,206 \\ 1,826 \\ 0,363 \end{pmatrix} = \begin{pmatrix} 11,19 & 4,746 & 2,049 \\ 0 & 21,09 & 5,595 \\ 0 & 0 & 14,53 \end{pmatrix} \begin{pmatrix} C_{J2} \\ C_{R2} \\ C_{B1} \end{pmatrix}$$

- Trichromie 8

$$\begin{pmatrix} 2,584 \\ 3,176 \\ 0,692 \end{pmatrix} = \begin{pmatrix} 11,19 & 4,746 & 2,201 \\ 0 & 21,09 & 6,674 \\ 0 & 0 & 16,01 \end{pmatrix} \begin{pmatrix} C_{J2} \\ C_{R2} \\ C_{B2} \end{pmatrix}$$

Les tableaux 17 et 18 regroupent les relevés spectrophotométriques, les concentrations résiduelles, les concentrations en colorant montées sur matière ainsi que les épuisements;

Avec :

Cm_A = Concentration en colorant A montée sur la matière

C_A = Concentration résiduelle du colorant A

Tableau 17. Relevés de mesures spectrophotométriques et calcul de concentrations en colorants

Combinaison	A(λ_J)	A(λ_R)	A(λ_B)	C_B	C_R	C_J	Cm_B	Cm_R	Cm_J
1	2,584	3,018	0,631	0,043	0,137	0,139	0,357	0,663	0,661
2	2,514	2,93	0,393	0,025	0,138	0,136	0,375	0,62	0,664
3	4,12	2,36	0,62	0,043	0,101	0,255	0,357	0,699	0,545
4	3,544	2,108	0,319	0,020	0,094	0,219	0,380	0,706	0,581
5	2,178	2,392	0,599	0,041	0,106	0,149	0,359	0,694	0,651
6	2,406	2,248	0,312	0,019	0,105	0,174	0,381	0,695	0,626
7	2,652	1,732	0,577	0,040	0,072	0,199	0,360	0,728	0,601
8	3,206	1,826	0,363	0,023	0,079	0,248	0,377	0,721	0,552

Tableau 18. Epuisement des colorants dans chaque combinaison

Combinaison	E_{bleu}	E_{rouge}	E_{jaune}	E_{totale}
1	89,143	82,934	82,629	84,054
2	93,863	82,786	82,979	85,079
3	89,332	87,427	68,066	80,064
4	95,019	88,294	72,564	83,347
5	89,694	86,754	81,344	85,178
6	95,128	86,822	78,308	85,078
7	90,072	91,051	75,080	84,467
8	94,332	90,074	68,954	82,478

Afin d'étudier ces mélanges il est nécessaire de connaître le comportement de chaque colorant en monochromie. Dans le tableau ci-dessous se trouvent les valeurs de l'épuisement de chaque colorant seul ainsi que leurs prix unitaires qui seront utiles.

Tableau 19. Epuisement de chaque colorant en monochromie et prix unitaire

Colorant	Absorbance	C. résiduelle	Epuisement	P.U(DNT)
RS3B	5,649	0,282	85,885	12,2
RS2B	4,949	0,235	88,267	15,23
JS3R	3,774	0,275	86,236	11,4
JS8G	2,234	0,200	90,018	23,65
BSGLD	2,835	0,195	90,244	26,9
BSFR	2,145	0,134	93,301	35,7

III.3.3. Interprétations

- La première constatation commune à toutes les combinaisons est la suivante :

Le Bleu SGLD ainsi qui le Bleu SFR conservent toujours le même épuisement dans toutes les trichromies utilisées. Ce qui prouve encore leurs grande substantivité.

- Comparaison entre trichromie 1 et 2 :

Dans la trichromie 2, on a substitué le B SGLD par le B SFR. On constate une augmentation dans l'épuisement du bleu, ce ci est la conséquence de la grande substantivité du B SFR. Cette augmentation n'était accompagné par aucune variation de l'épuisement du rouge et du jaune.

Le bleu SFR possède un épuisement meilleur que le bleu SGLD et il n'a aucune influence sur la montée des autres colorants utilisés dans le même bain de teinture.

Ce bleu possède un épuisement plus élevé mais au sein de l'MDF ils utilisent B SGLD à cause de son prix. Il est mois cher que le BSFR. Alors, une question se pose quel est le colorant le plus rentable économiquement.

Calculons la perte en colorants Bleu en DNT pour les deux cas afin de pouvoir déterminer la trichromie la plus rentable :

- Le B SGLD possède un prix unitaire 26,9 DNT avec un épuisement dans la trichromie 1 de l'ordre de 89%
  - Sur 1 Kg de colorant B SGLD on perd 110 grammes qui coûtent 2,959 DNT
- Le B SFR possède un prix unitaire 35,7 DNT avec un épuisement dans la trichromie 1 de l'ordre de 94%
  - Sur 1 Kg de colorant B SFR on perd 60 grammes qui coûtent 2,142 DNT

Alors la trichromie 2 est plus rentable.

- Comparaison entre trichromie 1 et 3, 2 et 4 :

Dans les deux trichromies 1 et 2, la substitution du R S3B par le R S2B s'accompagne par une grande diminution de l'épuisement du jaune S3R.

En effet, malgré que le JS3R est plus substantif que le RS2B, l'épuisement du jaune diminue respectivement dans les trichromies 3 et 4 de l'ordre de 14 et 10%.

Alors le RS2B entraîne une grande perte dans le colorant JS3R. En plus, il est plus cher que le RS3B. Pour Ces raisons, il faut éviter telles combinaisons.

- Comparaison entre trichromie 1 et 5 :

En monochromie, le JS8G possède un épuisement de l'ordre de 90 %.Lorsqu'il est mis en mélange, on constate une diminution dans son épuisement de 9% mais en contre partie l'épuisement du rouge augmente.

- Comparaison entre trichromie 2 et 6 :

Avec le B SFR l'épuisement du JS8G diminue encore.

- Comparaison entre trichromie 3 et 7,4 et 8 :

Comme dans le cas des combinaisons 3 et 4 avec le jaune S3R, le RS2B entraîne une diminution dans l'épuisement du JS8G.

En conclusion, Le JS3R, RS3B, BSGLD, BSFR présentent des épuisements en mélange proches de leurs épuisements en monochromie sans influencer les autres colorants mis dans le même bain de teinture. On peut dire que ces colorants ne possèdent pas des interactions entre eux. Le R S2B en mélange entraîne toujours une perte dans le colorant jaune (JS8G et JS3R). Finalement, en mélange JS8G subit une diminution remarquable dans son épuisement. Alors les deux meilleures trichromies sont les suivantes :

❖ Jaune S3R + Rouge S3B + Bleu SGLD
❖ Jaune S3R + Rouge S3B + Bleu SFR

IV. Conclusion

Durant ce chapitre, on a étudié les différentes trichromies possibles avec nos six colorants de point de vue rentabilité afin de pouvoir identifier les colorants qui peuvent être mélangés ensemble.

Conclusion Générale

Le but de ce Projet de Fin d'études, effectué au sein de l'entreprise «Monastir Dyeing and Finishing» en collaboration avec le Département Génie Textile de l'ENIM en Tunisie, était de caractériser un ensemble de colorants réactifs (six exactement) et de les identifier afin de pouvoir, plus tard, étudier la possibilité de les utiliser en trichromies.

Nous avons consacré la première partie à la présentation de quelques notions bibliographiques qui sont très utiles pour la caractérisation des colorants.

Les dispositifs et les méthodes expérimentales utilisés dans notre partie pratique étaient rassemblés dans le deuxième chapitre.

Dans l'étape suivante (chapitre 3), et en se basant sur des mesures par spectrophotométrie, on a caractérisé les colorants réactifs étudiés de point de vue substantivité et cinétique de teinture. Ensuite, on a étudié l'influence de différents paramètres de teinture en particulier la température, la concentration en électrolyte, la concentration en alcali et le rapport de bain sur l'évolution des taux d'épuisements et de rendements. L'ensemble de ces études a été finalisé par une optimisation de la consommation de l'électrolyte et de l'alcali.

Le quatrième et dernier chapitre était consacré à l'étude de toutes les combinaisons possibles entre les six colorants testés tout en comparant les épuisements des colorants constituants ces combinaisons et en déterminant les trichromies les plus rentables économiquement.

En perspectives à ce travail, certains points peuvent être proposés en particulier :

- o L'étude de l'effet d'autres facteurs tels que la contexture du support à teindre, sa composition, etc.
- o La vérification de la reproductibilité des trichromies proposées a l'échelle industrielle.
- o La réalisation des isothermes des colorants afin d'optimiser leurs concentrations surtout en nuances très foncée.

Références bibliographiques

[1] www.ineris.fr

[2] B. Filiposka, *Technologie de teinture*, 1996-1997.

[3] ITF, *La teinture*.

[4] *Coloristique*, Formation de Master en Sciences de l'Ingénieur Industriel, 2008-2009

[5] J. J. DONZÉ, *Colorants textiles*. Techniques de l'ingénieur.

[6] OFPPT, *Les prétraitements et la teinture du coton et des fibres cellulosiques*.

[7] K. Kolonko, *Reactive Dyes*. Reich group, 3 Novembre 2005.

[8] V. Ventenat, J. L. Houzelot, M. A. Latifi, et H. Charrette, *Modélisation en réacteur discontinu de la teinture en colorants réactifs*.

[9] N. Zayani, *Modélisation des phénomènes de substantivité des colorants réactifs*. Projet de Fin d'Etudes, Ecole Nationale d'Ingénieurs de Monastir, Tunisie, 2008.

[10] *Méthodes spectrométriques d'analyse et de caractérisation*. Centre SPIN, Ecole des Mines de Saint-Etienne, Génie des Procédés.

Annexe 1

Tableau 20. Relevés de mesures pour le Process All in

Colorant	A_R	A_r	A_n	A_s	C_R	C_r	C_n	C_s	C_f	E(%)	R(%)
Jaune S8G	1,566	0,783	0,72	1,414	0,114	0,057	0,053	0,103	0,673	88,578	67,301
Jaune S3R	1,268	0,656	0,655	1,232	0,113	0,059	0,059	0,110	0,659	88,668	65,943
Rouge S3B	2,374	0,878	0,89	0,961	0,119	0,044	0,044	0,048	0,745	88,136	74,498
Rouge S2B	2,406	0,784	1,228	0,778	0,114	0,037	0,058	0,037	0,754	88,59	75,36
Bleu SGLD	2,028	0,932	0,555	1,391	0,140	0,064	0,038	0,096	0,662	86,043	66,235
Bleu SFR	1,234	0,852	0,621	0,842	0,077	0,053	0,039	0,053	0,778	92,292	77,833

Tableau 21. Relevés de mesures pour Process semi-industriel

Colorant	A_R	A_r	A_n	A_s	C_R	C_r	C_n	C_s	C_f	E(%)	R(%)
Jaune S8G	1,566	0,783	0,72	1,414	0,114	0,057	0,053	0,103	0,673	88,578	67,301
Jaune S3R	1,268	0,656	0,655	1,232	0,113	0,059	0,059	0,110	0,659	88,668	65,943
Rouge S3B	2,374	0,878	0,89	0,961	0,119	0,044	0,044	0,048	0,745	88,136	74,498
Rouge S2B	2,406	0,784	1,228	0,778	0,114	0,037	0,058	0,037	0,754	88,59	75,36
Bleu SGLD	2,028	0,932	0,555	1,391	0,140	0,064	0,038	0,096	0,662	86,043	66,235
Bleu SFR	1,234	0,852	0,621	0,842	0,077	0,053	0,039	0,053	0,778	92,292	77,833

Avec :

A_R : Absorbance du bain résiduel

A_r : Absorbance du bain résiduel

A_n : Absorbance du bain résiduel

A_s : Absorbance du bain résiduel

C_R: Concentration du bain résiduel de la teinture

C_r : Concentration du bain de rinçage

C_n : Concentration du bain de neutralisation

C_s : Concentration du bain de savonnage

C_f: Concentration en colorant fixé sur la matière

R(%): Rendement de la teinture

E(%): Epuisement

Tableau 22. Valeurs des absorbances en fonction du temps

Temps (mn)	7	14	18	24	31	38	45	52	59	70
Jaune S8G	5,324	4,695	2,424	1,176	1,056	1,002	0,944	0,718	0,515	0,472
Jaune S3R	7,596	6,486	3,52	3,024	2,6	2,1	1,929	1,48	1,27	1,19
Rouge S3B	12,54	10	6,884	5,952	4,143	3,813	3,351	3,36	3,093	2,925
Rouge S2B	18,3	17,691	13,875	3,741	2,412	2,367	2,304	2,246	2,204	2,129
bleu SGLD	8,786	7,334	5,175	3,71	2,546	2,38	2,138	2,048	2,018	2,009
Bleu SFR	7,206	5,363	3,186	1,297	0,962	0,879	0,853	0,832	0,821	0,803

Tableau 23. Evolution de l'épuisement en fonction du temps

Temps (mn)	7	14	17	24	31	38	45	52	59	70
Jaune S8G	52,42	58,04	78,34	89,49	90,56	91,05	91,56	93,58	95,40	95,78
Jaune S3R	44,60	52,69	74,33	77,94	81,04	84,68	85,93	89,20	90,74	91,32
Rouge S3B	37,33	50,02	65,60	70,25	79,30	80,94	83,25	83,21	84,54	85,38
Rouge S2B	13,23	16,12	34,21	82,26	88,56	88,78	89,08	89,35	89,55	89,91
bleu GLD	39,53	49,53	64,38	74,47	82,48	83,62	85,29	85,91	86,11	86,17
Bleu SFR	54,99	66,50	80,10	91,90	93,99	94,51	94,67	94,80	94,87	94,98

Stabilité des colorants

JS3R

Temps (mn)	0	10	20	30	40	50	60
Absorbance	3,154	3,008	1,454	1,438	1,434	1,389	1,3
Concentration	0,230	0,219	0,106	0,105	0,105	0,101	0,095

JS8G

Temps (mn)	0	10	20	30	40	50	60
Absorbance	3,276	3,295	2,804	2,764	2,754	2,751	2,732
Concentration	0,293	0,294	0,251	0,247	0,246	0,246	0,244

RS3B

Temps (mn)	0	10	20	30	40	50	60
Absorbance	5,43	5,24	4,434	4,404	4,389	4,345	4,321
Concentration	0,271	0,262	0,222	0,220	0,219	0,217	0,216

RS2B

temps	0	10	20	30	40	50	60
Absorbance	3,54	3,5	1,856	1,812	1,805	1,789	1,778
Concentration	0,168	0,166	0,088	0,086	0,086	0,085	0,084

BSGLD

Temps (mn)	0	10	20	30	40	50	60
Absorbance	4,197	4,179	3,504	3,102	3,05	2,965	2,859
Concentration	0,289	0,288	0,241	0,213	0,210	0,204	0,197

BSFR

Temps (mn)	0	10	20	30	40	50	60
Absorbance	4,302	4,285	3,836	3,622	3,602	3,6	3,598
Concentration	0,269	0,268	0,240	0,226	0,225	0,225	0,225

Effet de la variation de la température

❖ Relevés de mesures pour la température 50°C

Colorant	A_R	A_r	A_n	A_s	C_R	E(%)	A_t	C_{Rt}	C_f	R(%)
J S8G	1,208	0,739	0,351	0,334	0,108	89,20	2,632	0,235	0,765	76,48
J S3R	0,958	0,918	0,364	0,375	0,070	93,01	2,615	0,191	0,809	80,93
R S3B	2,98	0,807	0,456	0,292	0,149	85,11	4,535	0,227	0,773	77,34
R S2B	2,916	1,104	0,663	0,441	0,138	86,17	5,124	0,243	0,757	75,70
B SGLD	1,3	0,659	0,442	0,282	0,089	91,05	2,683	0,185	0,815	81,53
B SFR	1,1	0,344	0,256	0,244	0,07	93,13	1,94	0,12	0,879	87,86

❖ Relevés de mesures pour la température 60°C

Colorant	A_R	A_r	A_n	A_s	C_R	E(%)	A_t	C_{Rt}	C_f	R(%)
J S8G	0,791	0,656	0,201	0,367	0,071	92,93	2,015	0,180	0,820	81,99
J S3R	1,602	0,579	0,252	0,217	0,117	88,32	2,65	0,193	0,807	80,67
R S3B	2,742	0,794	0,336	0,203	0,137	86,30	4,075	0,204	0,796	79,64
R S2B	2,906	0,902	0,34	0,24	0,138	86,22	4,388	0,208	0,792	79,19
B SGLD	1,598	0,625	0,258	0,205	0,110	89,00	2,686	0,185	0,815	81,51
B SFR	0,923	0,425	0,256	0,205	0,06	94,23	1,81	0,11	0,887	88,70

❖ Relevés de mesures pour la température 70°C

Colorant	A_R	A_r	A_n	A_s	C_R	E(%)	A_t	C_{Rt}	C_f	R(%)
J S8G	0,787	1,3	0,576	0,192	0,070	92,97	2,855	0,255	0,745	74,49
J S3R	1,984	1,141	0,525	0,239	0,145	85,53	3,889	0,284	0,716	71,63
R S3B	4,4	1,327	0,425	0,204	0,220	78,01	6,356	0,318	0,682	68,24
R S2B	6,113	1,319	0,608	0,26	0,290	71,01	8,3	0,394	0,606	60,64
B SGLD	2,482	1,049	0,429	0,199	0,171	82,92	4,159	0,286	0,714	71,38
B SFR	1,389	1,504	0,43	0,176	0,09	91,32	3,50	0,22	0,781	78,14

Avec :

A_t : Asorbance totale = somme des absorbances des bains résiduels
C_{Rt} : Concentration résiduelle totale

Effet de la variation de la concentration en électrolyte

❖ Relevés de mesures pour une nuance 1%

Colorant	0 g/l électrolyte									
	A_R	A_r	A_n	A_s	C_R	E(%)	A_t	C_{Rt}	C_f	R(%)
J S8G	8,658	0,951	0,356	0,526	0,774	22,63	10,491	0,938	0,062	6,25
J S3R	10	0,717	0,378	0,533	0,729	27,06	11,628	0,848	0,152	15,19
R S3B	12,155	1,381	0,233	0,377	0,607	39,26	14,146	0,707	0,293	29,31
R S2B	3,91	1,088	0,717	0,265	0,185	81,46	5,98	0,284	0,716	71,65
B SGLD	11,94	0,382	0,179	0,09	0,822	17,83	12,591	0,867	0,133	13,34
B SFR	9,653	0,801	0,443	0,568	0,603	39,71	11,465	0,716	0,284	28,39

Colorant	30 g/l									
	A_R	A_r	A_n	A_s	C_R	E(%)	A_t	C_{Rt}	C_f	R(%)
J S8G	2,34	0,641	0,258	0,167	0,209	79,09	3,406	0,304	0,696	69,56
J S3R	1,98	0,818	0,366	0,27	0,144	85,56	3,434	0,250	0,750	74,95
R S3B	3,093	0,781	0,433	0,287	0,155	84,54	4,594	0,230	0,770	77,04
R S2B	3,91	1,088	0,717	0,265	0,185	81,46	5,98	0,284	0,716	71,65
B SGLD	1,868	0,594	0,279	0,301	0,129	87,14	3,042	0,209	0,791	79,06
B SFR	1,234	0,445	0,225	0,224	0,077	92,29	2,128	0,133	0,867	86,71

Colorant	40 g/l									
	A_R	A_r	A_n	A_s	C_R	E(%)	A_t	C_{Rt}	C_f	R(%)
J S8G	0,691	0,656	0,201	0,167	0,062	93,82	1,715	0,153	0,847	84,67
J S3R	1,602	0,579	0,252	0,217	0,117	88,32	2,65	0,193	0,807	80,67
R S3B	2,742	0,794	0,336	0,203	0,137	86,30	4,075	0,204	0,796	79,64
R S2B	3,712	0,902	0,34	0,24	0,176	82,40	5,194	0,246	0,754	75,37
B SGLD	1,598	0,625	0,258	0,205	0,110	89,00	2,686	0,185	0,815	81,51
B SFR	0,797	0,587	0,338	0,335	0,050	95,02	2,057	0,128	0,872	87,15

Colorant	50g/l									
	A_R	A_r	A_n	A_s	C_R	E(%)	A_t	C_{Rt}	C_f	R(%)
J S8G	0,552	0,908	0,752	0,421	0,049	95,07	2,633	0,235	0,765	76,47
J S3R	0,329	0,664	0,377	0,271	0,024	97,60	1,641	0,120	0,880	88,03
R S3B	1,474	0,499	0,297	0,207	0,074	92,63	2,477	0,124	0,876	87,62
R S2B	1,884	0,921	0,887	0,573	0,089	91,07	4,265	0,202	0,798	79,78
B SGLD	1,609	1,19	0,567	0,332	0,111	88,93	3,69809	0,255	0,745	74,55
B SFR	0,786	0,701	0,546	0,445	0,049	95,09	2,478	0,155	0,845	84,52

Colorant	60 g/l									
	A_R	A_r	A_n	A_s	C_R	E(%)	A_t	C_{Rt}	C_f	R(%)
J S8G	0,445	1,178	0,85	0,623	0,040	96,02	3,096	0,277	0,723	72,33
J S3R	0,312	0,85	0,45	0,398	0,023	97,72	2,01	0,147	0,853	85,34
R S3B	0,958	0,659	0,297	0,678	0,048	95,21	2,592	0,130	0,870	87,05
R S2B	1,534	1,224	1,2	0,87	0,073	92,73	4,828	0,229	0,771	77,11
B SGLD	1,897	1,78	0,76	1,1	0,131	86,94	5,537	0,381	0,619	61,89
B SFR	0,557	0,928	0,557	1,23	0,035	96,52	3,272	0,204	0,796	79,56

❖ **Relevés de mesures pour une nuance 2%**

Colorant	40 g/l									
	A_R	A_r	A_n	A_s	C_R	$E(\%)$	A_t	C_{Rt}	C_f	$R(\%)$
J S8G	9,4	1,6	0,45	0,369	0,840	58,00	11,819	1,056	0,944	47,19
J S3R	8,54	1,885	0,458	0,515	0,623	68,85	11,398	0,831	1,169	58,43
R S3B	13,56	2,292	0,504	0,403	0,678	66,12	16,759	0,838	1,162	58,12
R S2B	12,34	2,54	0,445	0,44	0,585	70,74	15,765	0,748	1,252	62,62
B SGLD	7,044	1,206	0,358	0,508	0,485	75,76	9,116	0,627	1,373	68,63
B SFR	5,066	0,958	0,564	0,427	0,349	82,57	7,015	0,483	1,517	75,86

Colorant	50 g/l									
	A_R	A_r	A_n	A_s	C_R	$E(\%)$	A_t	C_{Rt}	C_f	$R(\%)$
J S8G	6,104	1,3	0,25	0,259	0,545	72,73	7,913	0,707	1,293	64,64
J S3R	6,297	1,458	0,256	0,255	0,459	77,04	8,266	0,603	1,397	69,85
R S3B	8,225	1,654	0,344	0,302	0,411	79,45	10,525	0,526	1,474	73,70
R S2B	11,78	2,04	0,343	0,449	0,559	72,07	14,612	0,693	1,307	65,36
B SGLD	5,02	1,339	0,226	0,309	0,345	82,73	6,894	0,474	1,526	76,28
B SFR	4,223	1,112	0,225	0,301	0,291	85,47	5,861	0,403	1,597	79,83

Colorant	60 g/l									
	A_R	A_r	A_n	A_s	C_R	$E(\%)$	A_t	C_{Rt}	C_f	$R(\%)$
J S8G	4,977	1,1	0,33	0,251	0,445	77,76	6,658	0,595	1,405	70,25
J S3R	5,077	1,357	0,436	0,352	0,370	81,48	7,222	0,527	1,473	73,66
R S3B	7,355	1,56	0,429	0,223	0,368	81,62	9,567	0,478	1,522	76,09
R S2B	10,24	2,02	0,342	0,348	0,486	75,72	12,95	0,614	1,386	69,30
B SGLD	4,292	1,372	0,352	0,232	0,295	85,23	6,248	0,430	1,570	78,50
B SFR	3,687	1,125	0,265	0,354	0,254	87,31	5,431	0,374	1,626	81,31

Colorant	80 g/l									
	A_R	A_r	A_n	A_s	C_R	$E(\%)$	A_t	C_{Rt}	C_f	$R(\%)$
J S8G	4,564	1,223	0,225	0,368	0,408	79,61	6,38	0,570	1,430	71,49
J S3R	4,492	1,343	0,495	0,536	0,328	83,62	6,866	0,501	1,499	74,96
R S3B	4,506	1,547	0,697	0,425	0,225	88,74	7,175	0,359	1,641	82,07
R S2B	6,605	2,543	0,554	0,667	0,313	84,34	10,369	0,492	1,508	75,42
B SGLD	1,968	1,13	0,609	1,809	0,135	93,23	5,516	0,380	1,620	81,02
B SFR	3,256	1,228	0,807	1,453	0,224	88,80	6,744	0,464	1,536	76,79

Colorant	90 g/l									
	A_R	A_r	A_n	A_s	C_R	$E(\%)$	A_t	C_{Rt}	C_f	$R(\%)$
J S8G	3,324	2,123	0,455	1,756	0,297	85,15	7,658	0,684	1,316	65,78
J S3R	5,023	0,91	0,58	0,905	0,366	81,68	7,418	0,541	1,459	72,95
R S3B	5,346	1,278	0,949	1,551	0,267	86,64	9,124	0,456	1,544	77,20
R S2B	5,567	1,655	0,667	1,759	0,264	86,80	9,648	0,457	1,543	77,13
B SGLD	1,765	0,979	0,817	1,828	0,121	93,93	5,389	0,371	1,629	81,46
B SFR	2,987	1,755	0,956	1,324	0,206	89,72	7,022	0,483	1,517	75,84

❖ **Relevés de mesures pour une nuance 3%**

Colorant	60 g/l								
	A_R	A_r	A_n	A_s	C_R	$E(\%)$	A_t	C_{Rt}	C_f	$R(\%)$
J S8G	4,977	1,1	0,73	0,651	0,445	85,17	7,458	0,666	2,334	77,78
J S3R	14,392	3,14	0,643	0,552	1,050	65,01	18,727	1,366	1,634	54,47
R S3B	19,95	3,137	0,429	0,723	0,997	66,77	24,239	1,211	1,789	59,62
R S2B	18,24	4,5	0,842	0,548	0,865	71,17	24,13	1,144	1,856	61,86
B SGLD	7,292	1,372	0,952	0,832	0,502	83,27	10,448	0,719	2,281	76,03
B SFR	4,954	1,358	0,997	0,578	0,309	89,686	7,887	0,493	0,836	83,579

Colorant	80 g/l								
	A_R	A_r	A_n	A_s	C_R	$E(\%)$	A_t	C_{Rt}	C_f	$R(\%)$
J S8G	3,998	0,945	0,956	0,754	0,357	88,09	6,653	0,595	2,405	80,18
J S3R	10,515	2,325	1,094	0,726	0,767	74,43	14,66	1,069	1,931	64,36
R S3B	16,188	1,886	0,818	0,642	0,809	73,03	19,534	0,976	2,024	67,46
R S2B	9,87	1,675	0,765	0,543	0,468	84,40	12,853	0,609	2,391	79,69
B SGLD	5,352	1,416	1,217	0,521	0,368	87,72	8,506	0,585	2,415	80,49
B SFR	4,254	1,358	1,297	0,578	0,266	91,143	7,487	0,468	0,844	84,412

Colorant	90 g/l								
	A_R	A_r	A_n	A_s	C_R	$E(\%)$	A_t	C_{Rt}	C_f	$R(\%)$
J S8G	4,548	1,321	1,112	0,758	0,406	86,45	7,739	0,692	2,308	76,95
J S3R	7,615	2,7	1,342	0,858	0,555	81,49	12,515	0,913	2,087	69,57
R S3B	8,892	2,748	1,223	0,456	0,444	85,19	13,319	0,666	2,334	77,81
R S2B	7,743	1,908	1,221	0,358	0,367	87,76	11,23	0,532	2,468	82,25
B SGLD	3,292	1,789	1,301	0,604	0,227	92,45	6,986	0,481	2,519	83,97
B SFR	5,254	1,453	1,98	0,678	0,328	89,061	9,365	0,585	0,805	80,502

Colorant	120g/l								
	A_R	A_r	A_n	A_s	C_R	$E(\%)$	A_t	C_{Rt}	C_f	$R(\%)$
J S8G	4,348	2,201	0,603	1,351	0,389	87,05	8,503	0,760	2,240	74,67
J S3R	4,796	1,849	1,252	1,958	0,350	88,34	9,855	0,719	2,281	76,04
R S3B	7,188	3,238	1,335	1,955	0,359	88,03	13,716	0,685	2,315	77,15
R S2B	6,016	3,1	1,021	1,751	0,285	90,49	11,888	0,564	2,436	81,21
B SGLD	2,375	2,515	1,526	1,804	0,163	94,55	8,22	0,566	2,434	81,14
B SFR	5,654	2,358	1,297	1,578	0,353	88,228	10,887	0,680	0,773	77,333

❖ **Relevés de mesures pour une nuance 0,3%**

Colorant	20 g/l									
	A_R	A_r	A_n	A_s	C_R	$E(\%)$	A_t	C_{Rt}	C_f	$R(\%)$
J S8G	0,423	0,126	0,072	0,012	0,038	87,40	0,633	0,057	0,243	81,14
J S3R	0,479	0,104	0,116	0,056	0,035	88,35	0,755	0,055	0,245	81,64
R S3B	1,473	0,214	0,221	0,21	0,074	75,46	2,118	0,106	0,194	64,72
R S2B	0,985	0,202	0,127	0,049	0,047	84,43	1,363	0,097	0,203	67,75
B SGLD	0,572	0,089	0,176	0,128	0,039	86,88	0,965	0,066	0,234	77,86
B SFR	0,184	0,142	0,093	0,189	0,011	96,17	0,608	0,038	0,262	87,34

Colorant	30 g/l									
	A_R	A_r	A_n	A_s	C_R	$E(\%)$	A_t	C_{Rt}	C_f	$R(\%)$
J S8G	0,327	0,226	0,123	0,012	0,029	90,26	0,688	0,061	0,239	79,51
J S3R	0,468	0,205	0,108	0,064	0,034	88,62	0,845	0,062	0,238	79,46
R S3B	1,173	0,112	0,221	0,21	0,059	80,46	1,716	0,086	0,214	71,41
R S2B	0,786	0,213	0,225	0,149	0,037	87,58	1,373	0,097	0,203	67,52
B SGLD	0,332	0,182	0,224	0,12	0,023	92,38	0,858	0,059	0,241	80,32
B SFR	0,173	0,252	0,149	0,19	0,011	96,40	0,764	0,048	0,252	84,09

Colorant	40 g/l									
	A_R	A_r	A_n	A_s	C_R	$E(\%)$	A_t	C_{Rt}	C_f	$R(\%)$
J S8G	0,237	0,182	0,324	0,198	0,021	92,94	0,941	0,084	0,216	71,97
J S3R	0,267	0,254	0,266	0,238	0,019	93,51	1,025	0,075	0,225	75,08
R S3B	1,009	0,453	0,467	0,112	0,050	83,19	2,041	0,102	0,198	66,00
R S2B	0,458	0,194	0,418	0,113	0,022	92,76	1,183	0,084	0,216	72,01
B SGLD	0,534	0,165	0,237	0,12	0,037	87,75	1,056	0,073	0,227	75,77
B SFR	0,38	0,166	0,208	0,114	0,024	92,09	0,868	0,054	0,246	81,93

Colorant	50 g/l									
	A_R	A_r	A_n	A_s	C_R	$E(\%)$	A_t	C_{Rt}	C_f	$R(\%)$
J S8G	0,158	0,292	0,292	0,355	0,014	95,29	1,097	0,098	0,202	67,32
J S3R	0,233	0,434	0,348	0,242	0,017	94,34	1,257	0,092	0,208	69,44
R S3B	0,721	0,655	0,756	0,566	0,036	87,99	2,698	0,135	0,165	55,06
R S2B	0,351	0,343	0,398	0,252	0,017	94,45	1,344	0,095	0,205	68,20
B SGLD	0,544	0,394	0,237	0,876	0,037	87,52	2,051	0,141	0,159	52,95
B SFR	0,441	0,355	0,208	0,626	0,028	90,82	1,630	0,102	0,198	66,06

Effet de la variation de la concentration en alcali

❖ Relevés de mesures pour une nuance 0,3%

Colorant	2 g/l									
	A_R	A_r	A_n	A_s	C_R	E(%)	A_t	C_{Rt}	C_f	R(%)
J S8G	0,527	0,226	0,172	0,012	0,047	84,30	0,937	0,084	0,216	72,09
J S3R	0,468	0,205	0,118	0,054	0,042	86,06	0,845	0,062	0,238	79,46
R S3B	1,473	0,412	0,221	0,21	0,132	56,12	2,316	0,116	0,184	61,42
R S2B	1,186	0,213	0,225	0,149	0,056	81,25	1,773	0,084	0,216	71,98
B SGLD	0,472	0,182	0,224	0,12	0,042	85,94	0,998	0,069	0,231	77,10
B SFR	0,173	0,252	0,149	0,19	0,015	94,85	0,764	0,048	0,252	84,09

Colorant	3 g/l									
	A_R	A_r	A_n	A_s	C_R	E(%)	A_t	C_{Rt}	C_f	R(%)
J S8G	0,239	0,192	0,322	0,173	0,021	92,88	0,926	0,083	0,217	72,42
J S3R	0,263	0,22	0,247	0,227	0,024	92,17	0,957	0,070	0,230	76,73
R S3B	1,093	0,253	0,451	0,113	0,098	67,44	1,91	0,095	0,205	68,18
R S2B	0,983	0,273	0,407	0,013	0,047	84,46	1,676	0,079	0,221	73,51
B SGLD	0,534	0,165	0,237	0,12	0,048	84,09	1,056	0,073	0,227	75,77
B SFR	0,38	0,166	0,208	0,114	0,034	88,68	0,868	0,054	0,246	81,93

Colorant	4 g/l									
	A_R	A_r	A_n	A_s	C_R	E(%)	A_t	C_{Rt}	C_f	R(%)
J S8G	0,739	0,223	0,287	0,156	0,066	77,99	1,405	0,126	0,174	58,15
J S3R	0,952	0,364	0,336	0,234	0,085	71,64	1,886	0,138	0,162	54,15
R S3B	1,553	0,323	0,551	0,222	0,139	53,74	2,649	0,132	0,168	55,87
R S2B	1,286	0,298	0,234	0,112	0,061	79,67	1,93	0,092	0,208	69,50
B SGLD	0,976	0,222	0,301	0,132	0,087	70,93	1,631	0,112	0,188	62,58
B SFR	0,642	0,356	0,245	0,245	0,057	80,88	1,488	0,093	0,207	69,02

❖ Relevés de mesures pour une nuance 1%

Colorant	4 g/l A_R	A_r	A_n	A_s	C_R	E(%)	A_t	C_{Rt}	C_f	R(%)
J S8G	1,072	0,326	0,397	0,198	0,096	90,42	1,993	0,178	0,822	82,19
J S3R	1,561	0,455	0,421	0,242	0,114	88,61	2,679	0,195	0,805	80,46
R S3B	3,098	0,699	0,437	0,212	0,155	84,52	4,446	0,222	0,778	77,78
R S2B	2,574	0,542	0,322	0,174	0,122	87,80	3,612	0,171	0,829	82,87
B SGLD	1,614	0,538	0,381	0,214	0,111	88,89	2,747	0,189	0,811	81,09
B SFR	0,798	0,365	0,354	0,264	0,050	95,016	1,781	0,111	0,889	88,876

Colorant	5 g/l A_R	A_r	A_n	A_s	C_R	E(%)	A_t	C_{Rt}	C_f	R(%)
J S8G	0,691	0,656	0,201	0,167	0,062	93,82	1,715	0,153	0,847	84,67
J S3R	1,602	0,579	0,252	0,217	0,117	88,32	2,65	0,193	0,807	80,67
R S3B	2,742	0,794	0,336	0,203	0,137	86,30	4,075	0,204	0,796	79,64
R S2B	2,406	0,902	0,34	0,24	0,114	88,59	3,888	0,184	0,816	81,56
B SGLD	1,598	0,625	0,258	0,205	0,110	89,00	2,686	0,185	0,815	81,51
B SFR	0,797	0,587	0,338	0,335	0,050	95,022	2,057	0,128	0,872	87,152

Colorant	6 g/l A_R	A_r	A_n	A_s	C_R	E(%)	A_t	C_{Rt}	C_f	R(%)
J S8G	1,142	0,301	0,432	0,202	0,102	89,79	2,077	0,186	0,814	81,44
J S3R	1,622	0,398	0,466	0,235	0,118	88,17	2,721	0,198	0,802	80,15
R S3B	3,1	0,753	0,466	0,198	0,155	84,51	4,517	0,226	0,774	77,43
R S2B	2,304	0,703	0,56	0,178	0,109	89,08	3,745	0,178	0,822	82,24
B SGLD	1,844	0,549	0,432	0,21	0,127	87,31	3,035	0,209	0,791	79,11
B SFR	0,887	0,344	0,383	0,184	0,055	94,460	1,798	0,112	0,888	88,770

❖ Relevés de mesures pour une nuance 2%

4 g/l

Colorant	A_R	A_r	A_n	A_s	C_R	E(%)	A_t	C_{Rt}	C_f	R(%)
J S8G	4,765	0,696	0,546	0,346	0,426	78,71	6,353	0,568	1,432	71,61
J S3R	4,503	0,752	0,567	0,396	0,328	83,58	6,218	0,454	1,546	77,32
R S3B	4,344	1,139	0,682	0,401	0,217	89,15	6,566	0,328	1,672	83,59
R S2B	6,789	0,987	0,554	0,367	0,322	83,90	8,697	0,412	1,588	79,38
B SGLD	2,003	1,027	0,886	0,724	0,138	93,11	4,64	0,319	1,681	84,03
B SFR	3,298	0,904	0,919	1,197	0,227	88,65	6,318	0,435	1,565	78,26

5 g/l

Colorant	A_R	A_r	A_n	A_s	C_R	E(%)	A_t	C_{Rt}	C_f	R(%)
J S8G	4,564	1,223	0,225	0,368	0,408	79,61	6,38	0,570	1,430	71,49
J S3R	4,492	1,343	0,495	0,536	0,328	83,62	6,866	0,501	1,499	74,96
R S3B	4,506	1,547	0,697	0,425	0,225	88,74	7,175	0,359	1,641	82,07
R S2B	6,605	2,543	0,554	0,667	0,313	84,34	10,369	0,492	1,508	75,42
B SGLD	1,968	1,13	0,609	1,809	0,135	93,23	5,516	0,380	1,620	81,02
B SFR	2,256	1,228	0,807	1,453	0,155	92,24	5,744	0,395	1,605	80,23

6 g/l

Colorant	A_R	A_r	A_n	A_s	C_R	E(%)	A_t	C_{Rt}	C_f	R(%)
J S8G	4,987	1,34	0,333	0,258	0,446	77,72	6,918	0,618	1,382	69,09
J S3R	4,567	1,246	0,567	0,534	0,333	83,34	6,914	0,504	1,496	74,78
R S3B	4,756	1,437	0,797	0,358	0,238	88,12	7,348	0,367	1,633	81,64
R S2B	6,607	2,343	0,539	0,558	0,313	84,34	10,047	0,476	1,524	76,18
B SGLD	2,112	1,135	0,549	1,304	0,145	92,73	5,1	0,351	1,649	82,45
B SFR	3,453	1,112	0,987	1,568	0,238	88,12	7,12	0,490	1,510	75,50

❖ **Relevés de mesures pour une nuance 3%**

Colorant	4 g/l A_R	A_r	A_n	A_s	C_R	E(%)	A_t	C_{Rt}	C_f	R(%)
J S8G	15	3,036	0,876	0,343	1,340	55,32	19,255	1,721	1,279	42,64
J S3R	20,39	2,566	1,081	0,243	1,487	50,43	24,28	1,771	1,229	40,97
R S3B	26,4	2,448	2,5	0,672	1,319	56,02	32,02	1,600	1,400	46,66
R S2B	14,1	2,68	1,213	0,404	0,669	77,71	18,397	0,872	2,128	70,92
B SGLD	7,65	2,26	2,02	0,789	0,526	82,45	12,719	0,875	2,125	70,82
B SFR	7,045	2,278	1,717	0,894	0,440	85,332	11,934	0,745	0,752	75,153

Colorant	5 g/l A_R	A_r	A_n	A_s	C_R	E(%)	A_t	C_{Rt}	C_f	R(%)
J S8G	4,548	1,321	1,112	0,754	0,406	86,45	7,735	0,691	2,309	76,96
J S3R	7,615	2,7	1,342	0,858	0,555	81,49	12,515	0,913	2,087	69,57
R S3B	8,892	2,748	1,223	0,456	0,444	85,19	13,319	0,666	2,334	77,81
R S2B	10,743	1,908	1,221	0,358	0,509	83,02	14,23	0,675	2,325	77,51
B SGLD	3,292	1,789	1,301	0,604	0,227	92,45	6,986	0,481	2,519	83,97
B SFR	5,254	1,453	1,98	0,678	0,328	89,061	9,365	0,585	0,805	80,502

Colorant	6 g/l A_R	A_r	A_n	A_s	C_R	E(%)	A_t	C_{Rt}	C_f	R(%)
J S8G	5,448	1,094	0,603	0,281	0,487	83,77	7,426	0,664	2,336	77,88
J S3R	4,827	1,503	0,858	0,421	0,352	88,26	7,609	0,555	2,445	81,50
R S3B	20,224	3,238	1,821	0,582	1,011	66,31	25,865	1,293	1,707	56,91
R S2B	15,016	3,1	1,521	0,512	0,712	76,27	20,149	0,955	2,045	68,15
B SGLD	22,57	8,824	1,774	0,53	1,553	48,22	33,698	2,319	0,681	22,69
B SFR	3,254	1,355	1,098	0,505	0,203	93,225	6,212	0,388	0,871	87,066

Effet de la variation du rapport de bain : RdB 1/8

N=0,3%

Colorant	A_R	A_r	A_n	A_s	C_R	E(%)	A_t	C_{Rt}	C_f	R(%)
J S8G	0,239	0,192	0,322	0,173	0,021	94,30	0,926	0,083	0,292	77,93
J S3R	0,263	0,22	0,247	0,227	0,019	98,47	0,957	0,070	0,305	81,39
R S3B	1,093	0,253	0,451	0,113	0,055	95,63	1,91	0,095	0,280	74,55
R S2B	0,786	0,273	0,407	0,013	0,037	97,02	1,479	0,070	0,305	81,30
B SGLD	0,534	0,165	0,237	0,12	0,037	97,06	1,056	0,073	0,302	80,62
B SFR	0,38	0,166	0,208	0,114	0,024	98,10	0,868	0,054	0,321	85,54

N=1%

Colorant	A_R	A_r	A_n	A_s	C_R	E(%)	A_t	C_{Rt}	C_f	R(%)
J S8G	2,452	0,806	0,316	0,299	0,219	82,47	3,873	0,346	0,904	72,31
J S3R	2,949	0,325	0,325	0,05	0,215	82,79	3,649	0,266	0,984	78,71
R S3B	5,544	0,227	0,686	0,16	0,277	77,84	6,617	0,331	0,919	73,55
R S2B	4,777	0,674	0,449	0,04	0,227	81,88	5,94	0,282	0,968	77,47
B SGLD	3,927	0,587	0,27	0,12	0,270	78,38	4,904	0,338	0,912	73,00
B SFR	1,765	0,623	0,223	0,114	0,110	91,18	2,725	0,170	1,080	86,38

N=2%

Colorant	A_R	A_r	A_n	A_s	C_R	E(%)	A_t	C_{Rt}	C_f	R(%)
J S8G	3,975	2,21	0,461	0,402	0,355	85,79	7,048	0,630	1,870	74,81
J S3R	6,147	1,311	0,085	0,135	0,448	82,07	7,678	0,560	1,940	77,60
R S3B	10,475	2,861	0,458	0,613	0,523	79,06	14,407	0,720	1,780	71,20
R S2B	6,124	2,6	0,835	0,91	0,290	88,39	10,469	0,496	2,004	80,14
B SGLD	5,385	1,821	0,382	0,548	0,371	85,18	8,136	0,560	1,940	77,60
B SFR	2,114	1,188	0,318	0,479	0,132	94,72	4,099	0,256	2,244	89,76

N=3%

Colorant	A_R	A_r	A_n	A_s	C_R	E(%)	A_t	C_{Rt}	C_f	R(%)
J S8G	4,8	1,256	0,745	1,077	0,429	88,56	7,878	0,704	3,046	81,23
J S3R	8,122	1,072	0,685	1,367	0,592	84,20	11,246	0,820	2,930	78,13
R S3B	7,123	1,926	1,212	1,902	0,356	90,51	12,163	0,608	3,142	83,79
R S2B	9,121	2,265	1,9	1,608	0,432	88,47	14,894	0,706	3,044	81,17
B SGLD	4,312	1,537	0,907	1,63	0,297	92,09	8,386	0,577	3,173	84,61
B SFR	4,523	1,712	0,81	1,557	0,283	92,47	8,602	0,537	3,213	85,67

Annexe 2

Besoin en sel pour les colorants BEZAKTIV S/V en différents rapports de bain

Colorant en %	g/l sel pour cotton **non mercerisé**		
	1 :5	1 :10	1 :20
‹ 0.1	5	10	20
0,1 – 0,5	10	20	30
0,5 – 1,0	20	30	40
1,0 – 2,0	30	40	50
2,0 – 3,0	40	50	60
3,0 – 4,0	50	60	70
4,0 – 5,0	60	70	80
5,0 – 7,0	70	80	90
› 7,0	70	90	100

Remarque : le sel marin peut réduire, la solubilité du colorant, c'est pourquoi nous recommandons d'utiliser en général le carbonate de sodium pour les colorants de phtalocyanine comme le turquoise BEZAKTIV V-RN 150 et le bleu BEZAKTIV S-FR

BUFFERON R11 (Alakali Donor for Reactive Dyeing)

Characteristic: Inorganik buffer

Appearance: White powder

Iconicity: -

Properties: Bufferon R 11, is used for the specific pHcontrol during reactive dyeing. It is applied instead of conventional alkali soda ash.
Since underground water contains bicarbonate between 150-500 ppm level, Sodium
Carbonate buffers with bicarbonate and pH never rises above 10,2 and hence, dye yield will decline.
Besides that, due to rain season, bicarbonate level fluctuates in underground water and so final pH approached will also vary and hence recipe yield change.
Bufferon R 11, is designed to keep the pH, between 10,8-11,00, neglecting bicarbonate level.

pH (%10 soin) : $13 \pm 0,5$

Application: **Bufferon R 11** is dissolved in cold water in long ratio and dosed into dyeing machine 30-60 min after dye-salt addition time, (as explained in our web, www.eksoy.com – Cellulose Processing).

Amount of **Bufferon R 11**, depends upon dye percentage

Dye, %	Bufferon R 11, g/lt
<0,5	3
0,5-1	4
1-3	5
>3	6

In case of raw knit or yarn dyeing with **Nobleach**, above dosage amount is increased 25 percent

Storage: 1year

These data are on our practical experience and may be commended only without any liability, due to the different plant conditions.

Oui, je veux morebooks!

i want morebooks!

Buy your books fast and straightforward online - at one of world's fastest growing online book stores! Environmentally sound due to Print-on-Demand technologies.

Buy your books online at
www.get-morebooks.com

Achetez vos livres en ligne, vite et bien, sur l'une des librairies en ligne les plus performantes au monde!
En protégeant nos ressources et notre environnement grâce à l'impression à la demande.

La librairie en ligne pour acheter plus vite
www.morebooks.fr

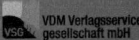

VDM Verlagsservicegesellschaft mbH
Heinrich-Böcking-Str. 6-8 Telefon: +49 681 3720 174   info@vdm-vsg.de
D - 66121 Saarbrücken   Telefax: +49 681 3720 1749 www.vdm-vsg.de

Printed by Books on Demand GmbH, Norderstedt / Germany